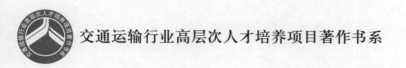

交通运输行业高层次人才培养项目著作书系

吴华林　孔令双　王元叶　著

长江口细颗粒泥沙动力过程

Dynamic Process of Fine Sediment in the Yangtze Estuary and Prediction of Channel Siltation | 及航道回淤预测

U0320993

人民交通出版社股份有限公司
China Communications Press Co.,Ltd.

内 容 提 要

本书采用现场观测、水文数据分析、室内试验、数值模拟等多种研究手段,对长江口细颗粒泥沙运动特性、水沙盐分布特点、泥沙输移过程、航道泥沙来源及航道回淤机理进行了深入研究,建立了反映长江口细颗粒泥沙运动特点的三维航道回淤预测模型,可对深水航道回淤量时空分布进行精确预测,为航道开发、航道减淤和日常疏浚维护管理提供技术支持。

本书可作为港口航道工程、河口治理相关技术人员的参考书,也可供相关专业院校的师生学习参考。

图书在版编目(CIP)数据

长江口细颗粒泥沙动力过程及航道回淤预测／吴华林,孔令双,王元叶著. — 北京:人民交通出版社股份有限公司,2018.8

ISBN 978-7-114-14831-6

Ⅰ.①长… Ⅱ.①吴… ②孔… ③王… Ⅲ.①长江口—泥沙运动②长江—航道—泥沙淤积—预测 Ⅳ.①TV152②U617.6

中国版本图书馆 CIP 数据核字(2018)第 175162 号

交通运输行业高层次人才培养项目著作书系

书　　名:长江口细颗粒泥沙动力过程及航道回淤预测
著 作 者:吴华林　孔令双　王元叶
责任编辑:潘艳霞
责任校对:宿秀英
责任印制:张　凯
出版发行:人民交通出版社股份有限公司
地　　址:(100011)北京市朝阳区安定门外外馆斜街 3 号
网　　址:http://www.ccpress.com.cn
销售电话:(010)59757973
总 经 销:人民交通出版社股份有限公司发行部
经　　销:各地新华书店
印　　刷:中国电影出版社印刷厂
开　　本:787×1092　1/16
印　　张:9.75
字　　数:219 千
版　　次:2019 年 1 月　第 1 版
印　　次:2019 年 1 月　第 1 次印刷
书　　号:ISBN 978-7-114-14831-6
定　　价:80.00 元

(有印刷、装订质量问题的图书,由本公司负责调换)

书系前言
Preface of Series

　　进入 21 世纪以来,党中央、国务院高度重视人才工作,提出人才资源是第一资源的战略思想,先后两次召开全国人才工作会议,围绕人才强国战略实施做出一系列重大决策部署。党的十八大着眼于全面建成小康社会的奋斗目标,提出要进一步深入实践人才强国战略,加快推动我国由人才大国迈向人才强国,将人才工作作为"全面提高党的建设科学化水平"八项任务之一。十八届三中全会强调指出,全面深化改革,需要有力的组织保证和人才支撑。要建立集聚人才体制机制,择天下英才而用之。这些都充分体现了党中央、国务院对人才工作的高度重视,为人才成长发展进一步营造出良好的政策和舆论环境,极大激发了人才干事创业的积极性。

　　国以才立,业以才兴。面对风云变幻的国际形势,综合国力竞争日趋激烈,我国在全面建成社会主义小康社会的历史进程中机遇和挑战并存,人才作为第一资源的特征和作用日益凸显。只有深入实施人才强国战略,确立国家人才竞争优势,充分发挥人才对国民经济和社会发展的重要支撑作用,才能在国际形势、国内条件深刻变化中赢得主动、赢得优势、赢得未来。

　　近年来,交通运输行业深入贯彻落实人才强交战略,围绕建设综合交通、智慧交通、绿色交通、平安交通的战略部署和中心任务,加大人才发展体制机制改革与政策创新力度,行业人才工作不断取得新进展,逐步形成了一支专业结构日趋合理、整体素质基本适应的人才队伍,为交通运输事业全面、协调、可持续发展提供了有力的人才保障与智力支持。

　　"交通青年科技英才"是交通运输行业优秀青年科技人才的代表群体,培养选拔"交通青年科技英才"是交通运输行业实施人才强交战略的"品牌工程"之一,1999 年至今已培养选拔 282 人。他们活跃在科研、生产、教学一线,奋发有为、锐意进取,取得了突出业绩,创造了显著效益,形成了一系列较高水平的科研成果。为加大行业高层次人才培养力度,"十二五"期间,交通运输部设立人才培养专项经费,重点资助包含"交通青年科技英才"在内的高层次人才。

人民交通出版社以服务交通运输行业改革创新、促进交通科技成果推广应用、支持交通行业高端人才发展为目的,配合人才强交战略设立"交通运输行业高层次人才培养项目著作书系"(以下简称"著作书系")。该书系面向包括"交通青年科技英才"在内的交通运输行业高层次人才,旨在为行业人才培养搭建一个学术交流、成果展示和技术积累的平台,是推动加强交通运输人才队伍建设的重要载体,在推动科技创新、技术交流、加强高层次人才培养力度等方面均将起到积极作用。凡在"交通青年科技英才培养项目"和"交通运输部新世纪十百千人才培养项目"申请中获得资助的出版项目,均可列入"著作书系"。对于虽然未列入培养项目,但同样能代表行业水平的著作,经申请、评审后,也可酌情纳入"著作书系"。

　　高层次人才是创新驱动的核心要素,创新驱动是推动科学发展的不懈动力。希望"著作书系"能够充分发挥服务行业、服务社会、服务国家的积极作用,助力科技创新步伐,促进行业高层次人才特别是中青年人才健康快速成长,为建设综合交通、智慧交通、绿色交通、平安交通做出不懈努力和突出贡献。

交通运输行业高层次人才培养项目
著作书系编审委员会
2014 年 3 月

作者简介
Author Introduction

吴华林,1970 年生,湖北黄石人。博士,研究员,国家注册咨询工程师(投资),新世纪百千万人才工程国家级人选,国务院政府特殊津贴专家,上海市领军人才,交通运输部新世纪"十百千"人才工程第一层次人选,全国交通青年科技英才,上海市重大工程立功竞赛"杰出人物",上海市"五一劳动奖章"获得者。现任上海河口海岸科学研究中心副主任(主持工作)、总工程师,河口海岸交通行业重点实验室主任。

主要从事港口航道工程及河口海岸工程的科研工作,主持完成了国家自然科学基金、国家863计划、国家973计划、国家重点研发计划、省部级重大科研计划和重大工程科研项目等50余项,科研成果在长江口深水航道、沪崇越江工程、青草沙水库、长江口江滩圈围、长江南京以下深水道建设等许多关系国计民生的重大工程中得到应用。

获得省部级以上科技进步奖14项,省部级以上工程咨询成果奖4项,专利5项,在国内外学术期刊发表论文90余篇,出版专著2本。先后兼任河海大学教授、大连理工大学教授、上海海事大学教授、中国水利学会河口治理委员会副主任委员、中国海洋工程学会理事、长江航务局专家委员会委员、上海市住房和城乡建设管理委员会科技委委员、上海市水利学会理事、《海洋工程》编委、《水运工程》编委、《水道港口》编委。

作者简介

Author Introduction

孔令双,1972 年生,河北沧州人。研究员,国家自然科学基金、山东省自然科学基金评审专家,水运建设行业协会及上海市工程咨询协会专家。

主持或参与完成河口、海岸水动力、工程泥沙等方面的科研项目 30 多项,作为主持人或主要负责人完成了国家自然科学基金、交通运输部重点项目、国家科技支撑计划项目等多项,在推进学科发展、推动行业技术进步等方面做出突出贡献。

先后获得中国航海学会科技进步三等奖,中国水运建设行业协会科学技术奖三等奖,上海优秀工程咨询一、二等奖,海洋创新成果二等奖,青岛市科学技术三等奖,中国海洋大学优秀教材二等奖等多项奖项。参加编写著作《海洋工程环境概论》1 部;公开发表学术论文 40 余篇,多篇论文被 SCI、EI、CP-CI、ISTP 收录。

作者简介
Author Introduction

　　王元叶,1979 年生,江西永丰人。副研究员,全国交通行业文明职工标兵,上海市重大工程立功竞赛建设功臣,长航局科技创新领军人才,现就职于上海河口海岸科学研究中心。

　　先后主持完成水运工程现场观测和研究项目 30多项,合著完成《长江口航道淤积机理及近底水沙监测技术》一书。

　　先后获得中国航海科技奖二等奖 1 项;上海市优秀工程咨询成果 3 项(一等奖 2 项,二等奖 1项);江苏省测绘地理信息科技进步奖一等奖 1 项;中国测绘地理信息学会全国优秀测绘工程白金奖 1项;长航局科技奖三等奖 1 项;水运工程优秀咨询成果三等奖 1 项。

前　言
Foreword

  长江口是一个巨型多沙分汊的复杂河口。长江口拦门沙曾长期制约着长江黄金水道的开发和上海国际航运中心事业的发展。经四十多年、几代专家的长期跟踪研究,制定了打通拦门沙航道的系统方案。自 1998 年起,历时 13 年,分阶段完成了从 7.0m 水深至 12.5m 水深的长江口深水航道整治目标,2011 年 5 月 18 日,长江口深水航道治理三期工程顺利通过国家竣工验收,标志着迄今为止我国最大的水运工程、长达 92km 的 12.5m 深水航道(南港北槽航道)全面完成,取得了显著的社会和经济效益。然而,12.5m 水深航道虽然顺利贯通,但航道淤积问题却非常严峻,2012 年维护量达近亿立方米,减淤降费压力巨大,航道回淤在较长一段时间内仍将是困扰长江口深水航道的主要难题之一,因而,针对长江口细颗粒泥沙动力过程、航道回淤机理和航道回淤预测技术等开展深入系统研究,既有理论意义,又有实用价值。

  本书采用现场观测、水文数据分析、室内试验、数值模拟等多种研究手段,对长江口细颗粒泥沙运动特性、水沙盐分布特点、泥沙输移过程、航道泥沙来源及航道回淤机理进行了深入研究,建立了反映长江口细颗粒泥沙运动特点的三维航道回淤预测模型,可为长江口深水航道减淤和航道日常疏浚维护提供理论基础和技术手段支持。除署名作者外,上海河口海岸科学研究中心戚定满、顾峰峰、万远扬、刘杰、李为华、王钟寅、程海峰、赵德招等同志也参加了部分工作,交通运输部长江口航道管理局原总工程师范期锦教授级高级工程师、长江口航道建设公司原副总经理金镠教授级高级工程师给予了技术指导,在此一并表示感谢。

  本项研究得到国家重点研发计划项目"长江口水沙变化与重大工程安全"(2017YFC0405400)和交通运输部基础理论重点项目"长江口细颗粒泥沙动力过

程及航道回淤机理研究"(2012329A06040)的资助,本书的出版得到交通运输部高层次人才培养项目的资助。鉴于长江口泥沙动力过程及航道回淤机理极其复杂,航道回淤模拟技术的突破困难较大,加之作者学识、水平的局限,书中不当之处,在所难免,恳请读者批评指正。

吴华林

2017 年 12 月

目　录
Contents

第1章 绪　　论

1.1　长江口水沙基本特性

1.1.1　潮汐

长江口是中等强度的潮汐河口,口外为正规半日潮,口内潮波变形,为非正规半日浅海潮。一日内两涨两落,一个涨落潮过程历时约 12h25min,日潮不等现象明显。潮波变形程度越向上游越大,导致潮位、潮差和涨、落潮历时沿程发生变化。潮位向上游递增,潮差向上游递减,涨潮历时缩短,落潮历时延长。

长江口的潮流在拦门沙以上河段主要呈现往复流运动性质,拦门沙以外旋转流性质增强,口门外则为典型的旋转流,且多为顺时针方向旋转。主槽中落潮流速一般大于涨潮流速,涨、落潮最大流速在高、低潮位前 1h 左右出现。

1.1.2　流域来水来沙

长江口流域来水量丰沛,根据大通站 1950—2016 年的资料统计,多年平均径流量为 8954 亿 m³,年际间虽有一定的波动,但并无明显的趋势性变化。

根据大通站 1951—2016 年的资料,多年平均年输沙量为 3.66 亿 t,2003 年三峡工程开始蓄水运行,长江来沙量呈减小态势,2003—2016 年大通站平均年输沙量为 1.4 亿 t。

1.1.3　主要汊道分流分沙比

长江口深水航道工程实施前后,南、北港的分流分沙比无明显变化,分配比例保持在各占 50% 左右。

长江口深水航道工程实施以后,北槽落潮分流分沙比呈减小的趋势。落潮分流比由工程实施前的约占 50% 减小到现在基本稳定的 42% 以上。工程前,北槽的落潮分沙比约占 50%,工程后北槽落潮分沙比经过初期的波动后,一直维持在 50% 以内。

1.1.4　含沙量

长江口垂线平均含沙量纵向分布(由上游向外海)呈现"低—高—低"的态势,拦门沙区域含沙量高于其上下游,为最大浑浊带活动范围,北槽拦门沙区域的垂线平均含沙量通常高于 1.0kg/m³,涨潮含沙量大于落潮含沙量。北槽含沙量垂线分布洪枯季不同,枯季垂线分布比较均匀,洪季垂线分布分层明显,近底存在高浓度含沙层,近底含沙量大的区域主要集中在拦门沙区域。

1.1.5　河床质

长江口河床质泥沙主要由砂、砂质粉砂和黏土质粉砂组成。南支河段河床质泥沙以砂为主;南港河段河床质泥沙以砂和粉砂为主;北槽河段河床质泥沙以黏土质粉砂为主。河床质泥沙沿纵向分布特征为:拦门沙段泥沙粒径最细,其上、下游区段相对较粗。

1.1.6 波浪

长江口的波浪以风浪为主,涌浪次之,风浪出现的频次约占77%,涌浪出现的频次约占33%。常浪向为NNE向,次常浪向为N和SSE。风浪的季节性变化明显,冬季以NW向浪为主,夏季以SSE向浪为主,春季以SE和SSE向浪为主,秋季则以NE向浪居多。涌浪主要出现在NE—SE向,约占涌浪出现频率的57.5%。

因受地形的影响,长江口波高由口外向口内衰减。口外多年平均波高约为0.9m,口内南港段则为0.35m。

1.2 长江口河床地形基本特征

长江口自徐六泾至口外15m等深线,长约160km。平面形态呈喇叭形,徐六泾处江面宽约5km,口外启东嘴到南汇嘴宽约90km。长江口自徐六泾以下,河槽出现有规律的分汊:首先被崇明岛分为南、北两支;南支又被长兴岛、横沙岛分成南、北两港;南港再被九段沙(水下暗沙)分为南、北两槽,总体上呈现"三级分汊、四口入海"的河势格局。目前,长江口南支—南港—北槽为主要通海航道。

1.2.1 北支

北支是长江口第一级分汊的北汊,自崇头至连兴港全长约80km,是长喇叭形的潮汐汊道。北支河道从上口至青龙港分布着浅滩与深槽,深槽靠近崇明岛一侧,有洪冲枯淤的变化规律,北岸有向外延伸的浅滩,水深一般为2~3m(理论最低潮面以下,下同),浅滩的发育也阻碍了长江径流进入北支水道。从青龙港到大新港为一弯道,浅滩在南岸,深槽在北岸,水深2~5m。大新港到三和港江面逐渐展宽,水道中有多处心滩,两侧为汊道,水深2~5m。三和港向下至连兴港河道中分布着潮流脊和冲刷槽,5m槽已由口门附近的连兴港贯通至吴淞港以上,局部深槽水深在8~9m。目前北支受涨潮动力控制,涨潮带来的泥沙落潮不能全部带出,河槽呈现淤积趋势,同时涨潮时水、沙、盐经北支入口向南支倒灌。

1.2.2 南支

南支是长江口第一级分汊的南汊,自徐六泾—南、北港分汊口(浏河口附近),全长约70km。南支上段由白茆沙分为南、北两条水道。白茆沙南、北水道汇流口(七丫口附近)至南、北港分汊口之间的河段为南支中段,南支中段有一条长约40km的沙带,称之为扁担沙。扁担沙北侧为新桥水道,南侧为南支主槽,南支下段为南、北港分汊口。

(1)南支上段(白茆沙河段)。白茆沙河段中间为白茆沙,两侧为南、北水道,形成江心洲形河段。白茆沙5m以浅沙体长约10.5km,面积约25.7km²。白茆沙南水道为主要的泄水通道,宽为2~4km,深泓水深在15m以上,局部深槽水深可达50m以上;北水道宽为1~2km,上口水深在8~10m,中下段水深在12~15m。近年来,白茆沙北水道(进口段)淤积,南水道冲刷发展,白茆沙南、北水道持续表现为"南强北弱"的态势。

(2)南支中段。南支主槽在平面上为一条顺直向南微弯的河槽,宽约5km,水深多在20m以上。多年来,南支主泓傍靠南岸,深泓位置比较稳定,航道水深条件较好。但近年来,南支主槽呈现向相对宽浅方向变化,深槽逐渐向北展宽。

扁担沙东西长约 36km,沙体最宽处约 6.5km(5m 以浅范围内)。扁担沙滩面高程为 −5 ~ +2m,涨落潮时均有大量水流漫滩,下段滩面串沟发育。在南、北港分流口稳定后,扁担沙的冲淤变化是影响南北港分汊河段和下游河床稳定的重要因素。

(3)南支下段。南支下段滩槽众多,2006—2009 年,中央沙圈围及青草沙水库工程、新浏河沙护滩和南沙头通道限流潜堤工程等相继实施,使得南北港分流口河段局部河势的不利变化得到了基本控制,中央沙、新浏河沙沙体得以稳定,沙头不再大幅冲刷后退,南沙头通道因限流作用已由原来的冲刷发展转变为淤积态势。

1.2.3 北港

北港是长江口第二级分汊的北汊,自南北港分流口至北港口外 10m 等深线长约 90km。北港为微弯形河槽,平面上呈反 S 形。上承新桥通道、新桥水道,下经拦门沙河段入海。北港中下段因近左岸有堡镇沙(又称六滧沙脊)纵卧其间而形成"两槽一脊"的 W 形河槽,潮流脊至今仍在活动之中。

1.2.4 南港

南港是长江口第二级分汊的南汊,南港河段上承南北港分汊口,下接南北槽分汊口,全长约 25km。南港河段因有瑞丰沙的存在局部形成复式河槽,沙体以南是南港主槽,以北是长兴水道。

南港主槽和长兴水道均为较稳定的深槽。主槽水深超过 15m。2001 年后瑞丰沙腰部形成窜沟,沙体被分为上沙体和下沙体,下沙体持续冲刷,到 2006 年后基本冲刷殆尽,南港河槽向单一河槽转化。下沙体的冲刷使得南港中下段主槽拓宽,主槽水深变浅,南岸边滩外移。南港主槽水深在 12 ~ 13m 之间。长兴水道原为涨潮流占优势的水道,与瑞丰沙构成"外沙里泓"格局。随着瑞丰沙中部窜沟的形成,经中部窜沟进入长兴水道的落潮流增强,导致长兴水道下段(马家港以下河段)涨落潮流对比发生变化,最终转变为落潮流占优势的水道。目前长兴水道水深基本维持在 10m 以上。

1.2.5 北槽

北槽是长江口第三级分汊的北汊,位于南港以下,是长江口深水航道治理工程的主要整治段。北槽自南北槽分汊口至深水航道北导堤堤头长约 59km,近期北槽的变化主要受长江口深水航道治理工程的影响。

长江口深水航道治理工程前(1997 年以前),北槽上段存在长约 15km,自然水深小于 6m 的拦门沙浅段。1998 年起工程开始实施,在双导堤和丁坝群的作用下,北槽河床发生明显的冲淤调整,总体上呈现整治段"主槽河床冲刷、丁坝坝田淤积"的特点,河槽断面形态向窄深方向调整。由于整治工程的"导流"作用,丁坝治导线内的主槽容积有所扩大,北槽全槽形成了一条上下段平顺相接、具有相当宽度的覆盖航道的微弯深泓,为 12.5m 深水航道的全线贯通创造了良好的河势条件。

1.2.6 南槽

南槽是长江口第三级分汊的南汊,位于南港以下,与北槽相邻,其北侧为九段沙,南侧为南汇东滩。南槽自南北槽分汊口至外海 8m 等深线长约 56km。

1998 年长江口深水航道工程实施以来,南槽落潮分流比增加,南槽上段主槽发生冲刷,

10m 深槽累计下延了约 13km,江亚南沙沙尾淤涨下延明显,目前 5m 沙尾已淤进南槽中段航道。受南槽上段冲刷的影响,南槽拦门沙滩顶最浅段的位置下移了约 11km。目前南槽上段水深在 10m 以上,南槽口外水深在 7m 以上,但拦门沙滩顶最浅水深仍保持在 5m 左右。

1.2.7 河口拦门沙

长江挟带大量泥沙入海,由于河口急剧展宽,受口外潮流的顶托,流速减缓,泥沙在口门附近大量沉积;又由于口门处于咸淡水交汇地带,细颗粒泥沙易产生絮凝沉降。二者的共同作用在口门附近形成一个高含沙量区域——"最大浑浊带",在地形上则形成水深较上下两端均浅的"河口拦门沙"。

水深浅于 10m 的拦门沙滩长的多年平均值,北港约为 43.8km,最浅滩顶水深约为 5.8m;在长江口深水航道治理工程前,北槽拦门沙滩长约为 56.2km,最浅点水深约为 6.1m,1998 年工程实施后,至 2010 年北槽拦门沙区段 12.5m 航槽贯通,南槽拦门沙滩长约为 71.6km,拦门沙浅滩最长,滩顶最浅水深 5.0m 左右。

1.3 长江口深水航道治理工程

长江口深水航道治理工程于 1998 年 1 月 27 日开工,至 2011 年 5 月 18 日三期工程通过国家竣工验收,12.5m 深水航道正式宣布开通。工程经历了三期工程的建设(图 1-1),一期工程航道设计航道水深 8.5m(理论最低潮面下,下同)、航道底宽 300m;二期工程航道水深增深至 10m,航道底宽 350~400m;三期工程航道水深进一步增深至 12.5m,航道底宽 350~400m。三期工程完成后,第三、四代集装箱船和 5 万吨级船舶可全天候双向通航,第五、六代集装箱船、10 万吨级满载散货船和 20 万吨级减载散货船可乘潮进出长江口。

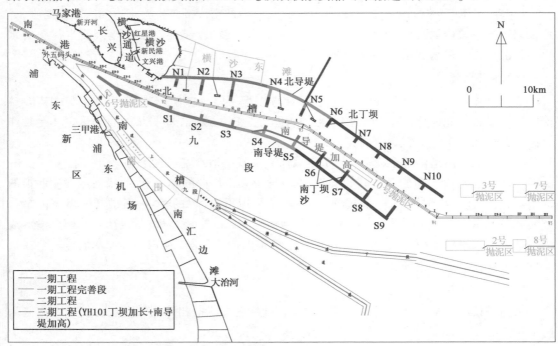

图 1-1 长江口深水航道治理一期~三期工程的平面位置示意图

历经 13 年建设,长江口深水航道治理工程累计建成导堤、丁坝等各类整治建筑物 169.165km,其中鱼咀及堵堤 5.53km;南、北导堤(含南坝田挡沙堤、长兴潜堤)120.337km,丁坝 34.711km,其他护滩堤坝 8.587km;建成水深 12.5m、宽 350~400m、长 92.268km 的双向航道,完成基建疏浚工程量共约 3.2 亿 m³;累计完成工程投资行约 155.76 亿元(表 1-1)。

长江口深水航道治理工程主要建设内容一览表 表 1-1

实施阶段		一期工程	二期工程	三期工程	合计
分流口	南线堤(km)	1.6			1.6
	堵堤(km)	0.73			0.73
	潜堤(km)	3.2			3.2
南导堤(km)		30	18.077		48.077
北导堤(km)		27.89	21.31		49.2
护滩丁坝及促淤潜堤(km)		0.5	8.087		8.587
长兴潜堤(km)				1.84	1.84
南坝田挡沙堤(km)				21.22	21.22
丁坝	数量(座)	10	14	11	19
	总长(km)	11.19	18.9	4.621	34.711
航道疏浚长度(km)		46.13	59.5	92.268	92.268
航道长度(km)		51.77	74.471	92.268	92.268
疏浚量(万 m³)		4386	5921	21849	32156
工程投资(亿元)		30.8477	57.1094	67.8071	155.7642
工程实施时间		1998.01.27—2000.02.20	2002.04.28—2005.06.16	2006.09.30—2010.03.14	—

注:1. 二期工程实施的 14 座丁坝中新建 9 座、在一期工程基础上加长 5 座,三期工程实施的 11 座丁坝均为在一、二期工程基础上加长。

2. 各期工程投资均为经审计的工程竣工决算价。

目前,长江口总体河势较为稳定,已建整治建筑物稳定、持续地发挥着"导流、拦沙、减淤"的功能。自 2010 年 3 月三期工程交工验收以来,成功经受了洪季长时间大流量和"圆规""梅花""布拉万"等台风的考验。至今,长江口 12.5m 深水航道水深保持了 100% 的通航保证率。

1.4 研究背景

长江口深水航道三期工程于 2010 年 3 月 14 日实现 12.5m 航道水深目标,并于 2011 年 5 月 18 日通过国家竣工验收。据上海海事大学测算,长江口深水航道治理工程实施后,截至

2010年8月31日，仅集装箱、散货和石油三大货种船舶产生的航运直接经济效益已经累计近800亿元。预计2010年9月至2020年12月，长江口深水航道每年产生的航运经济效益将达177.6亿元。长江口12.5m深水航道治理工程建成对于改善长江航道条件、提高长江水运承载能力、建设上海国际航运中心具有重大意义。

与此同时，在长江径流来沙逐年减少的大环境下，长江口北槽航道年回淤总量较一期工程至二期工程维护前期的2000万~4000万m³有较大幅度的增加，自二期工程维护后期及三期工程建设以来，基本维持在6000万m³以上。长江口深水航道一期、二期整治工程实现了逐步提高水深、改善航道条件的目标，但受当时现场资料、研究条件及研究手段的限制，航道回淤问题一直比较突出。三期工程后，随着航道的进一步增深，12.5m深水航道贯通，航道回淤问题更加凸显，航道回淤量大，时空分布具有相对集中的明显特征，航道维护面临巨大挑战，减淤降费需求迫切。

长江口丰水多沙，为中等潮汐河口，径流和潮流两股动力在时间和空间范围内相互消长，变化复杂；长江口平面呈"三级分汊、四口入海"的河势格局，洲滩、汊道众多，边界和地形条件复杂；泥沙以颗粒粒径小于0.032mm的黏土和粉沙颗粒为主，在波浪、潮流等动力作用下，易悬易沉，强动力条件下近底床面会产生高浓度的含沙水体层；河口口门处于径流和咸淡水交汇地带，黏性细颗粒泥沙在咸水环境下絮凝沉降，在拦门沙区域形成了一个高含沙区域——高浑浊带。以上诸多因素构成了长江口复杂多变的动力环境、泥沙运动及航道回淤机制，为破解回淤难题，必须深入研究这种复杂动力环境下细颗粒泥沙动力过程，揭示航道回淤机理，形成航道回淤模拟预报技术。

1.5 本书研究内容

关于长江口细颗粒泥沙运动及航道回淤，众多专家学者做了大量研究。但由于巨型河口泥沙运动及航道回淤机理极其复杂，影响因素众多，仍存在一系列尚不明晰的问题，主要有：航道水沙垂向结构以及近底紊流作用下细颗粒泥沙的动力过程和机制；北槽泥沙来源及泥沙输移特性；北槽泥沙运动特性及相关参数的定量计算；不同动力因子对北槽航道的泥沙来源和航道淤积的影响；缺乏高精度反映近底水沙三维特性的航道回淤数学模型。本书重点聚焦以上几个方面，阐述长江口细颗粒泥沙动力过程、航道回淤机理以及航道回淤量预测的研究成果。

（1）第1章介绍了长江口水沙基本特征、长江口河床地形基本特征及长江口深水航道治理工程等

（2）第2章对长江口12.5m深水航道贯通以来的回淤量变化及时空分布进行了分析。

（3）第3章介绍了围绕长江口北槽细颗粒泥沙运动过程及航道回淤机理开展的专项观测，主要包括近底水沙观测和水沙通量观测。

（4）第4章介绍针对长江口北槽细颗粒泥沙运动特性和关键运动参数开展的室内试验研究成果。

（5）第5~8章分别对长江口北槽水沙盐时空分布、水沙输移特性、泥沙来源、航道回淤机理进行了研究。

（6）第9章综合利用前几章的成果，建立长江口北槽航道回淤三维数学模型，并介绍了

模型参数的确定方法和模型验证成果。

本书总体技术路线见图 1-2。

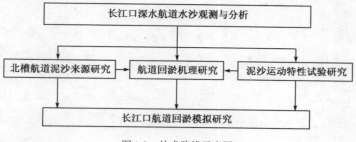

图 1-2 技术路线示意图

第2章 长江口深水航道回淤分析

2.1 长江口12.5m深水航道维护期航道回淤特征

根据长江口北槽航道2010—2016年的回淤量资料,北槽航道回淤特征主要有三点:

2.1.1 航道维护期回淤量大

经统计,2010—2016年全长92.2km的12.5m深水航道年回淤量2010年为8015万 m^3,2011年为8546万 m^3,2012年为10080万 m^3,2013年为8106万 m^3,2014年为7621万 m^3,2015年为6940万 m^3,2016年为5401万 m^3,12.5m航道维护期7年年均回淤量约7815万 m^3(上述方量均已扣除超过规定允许超挖深度而不予计量支付的船方量)。

其中北槽航道段(B~Ⅲ-I)总长65.2km,2010—2016年回淤量分别为5959万 m^3、5588万 m^3、8326万 m^3、6002万 m^3、6863万 m^3、6212万 m^3和5083万 m^3,年均回淤量约6290万 m^3。

2.1.2 回淤量沿程分布高度集中在北槽中段

从航道回淤的沿程分布来看,12.5m北槽航道回淤分布集中在北槽中段(H~O单元)(图2-1),H~O单元长度为17.9km,回淤量4414万 m^3,约占北槽航道的70%。

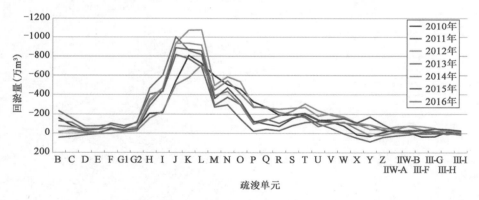

图2-1 长江口12.5m航道维护期年回淤分布

2.1.3 航道回淤量主要集中在洪季

洪季(6—11月)是长江口深水航道回淤集中时段。北槽12.5m航道维护期7年洪季回淤占全年比重分别为85%、97%、92%、92%、96%、87%和74%。

南港段航道回淤无季节变化规律,洪枯季淤强基本接近;圆圆沙段航道洪季约为枯季的2倍;北槽航道回淤主要集中在洪季,洪季回淤比重超过85%(表2-1、图2-2)。

2010—2016 年北槽航道洪枯季回淤统计表（万 m³）　　表 2-1

年　　份	洪　季	枯　季	全　　年	洪季比例
2010	5038	921	5959	85%
2011	5434	154	5588	97%
2012	7671	655	8326	92%
2013	5545	458	6002	92%
2014	6581	282	6863	96%
2015	5397	815	6212	87%
2016	3752	1331	5083	74%
平均值	5631	659	6290	89%

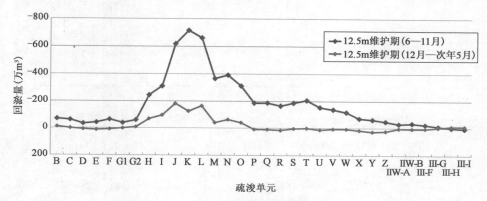

图 2-2　12.5m 航道回淤量年内分布比较

2.2　12.5m 与 10m 航道回淤特征比较

2.2.1　回淤量特征比较

与 10m 航道时期（2007—2008 年）比较，12.5m 航道维护期各区段回淤强度有不同变化：

（1）12.5m 深水航道维护区段增加了南港段和口外段，航道维护长度增加了约 25.7km，该区段年回淤量分别为 402 万 m³ 和 110 万 m³。

（2）圆圆沙段航道 12.5m 航道年回淤量增幅较大，从 324 万 m³ 增至 1123 万 m³，增加 799 万 m³，约 2.5 倍，成为 12.5m 航道回淤次峰段。

（3）北槽航道（不含口外段）年回淤总量有所增大，从 5623 万 m³ 增至 6180 万 m³，增加 557 万 m³（表 2-2）。

10m 航道及 12.5m 航道各段回淤量统计表（万 m³）　　表 2-2

年　　份	南 港 段 ⅢA～ⅡN-A (12.7km)	圆圆沙段 ⅡN-B～A (14.3km)	北　槽 B～Z (52.3km)	口 外 段 ⅡW-A～Ⅲ-Ⅰ (13km)	合　　计
2007		443	5684		6127
2008		205	5562		5767

年 份	南 港 段	圆 圆 沙 段	北 槽	口 外 段	合 计
	IIIA ~ IIN-A	IIN-B ~ A	B ~ Z	IIW-A ~ III-I	
	(12.7km)	(14.3km)	(52.3km)	(13km)	
平均值		324	5623		5947
2010	602	1453	5980	−21	8015
2011	908	2051	5500	88	8546
2012	460	1294	8040	286	10080
2013	391	1712	6033	−30	8106
2014	193	566	6617	246	7621
2015	287	441	6013	199	6940
2016	−27	344	5083	0.2	5401
平均值	402	1123	6180	110	7816
增量	402	799	557	110	1869

注:表中回淤量均含非常态回淤量。

2.2.2 时空分布特征比较

与 10m 航道时期(2007—2008 年)比较,12.5m 深水航道维护期时空分布特征基本相同。

(1)12.5m 航道回淤分布出现两个峰值区段,北槽中段仍为回淤峰值区段,南港及圆圆沙段成为回淤次峰区段(图 2-3)。

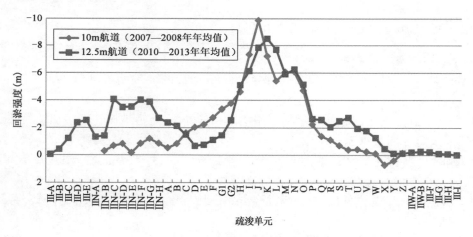

图 2-3 10m 和 12.5m 航道回淤分布比较

(2)圆圆沙段航道回淤仍为洪枯季差异小的特征,北槽中段航道回淤仍呈现洪季集中的特征。

(3)北槽 12.5m 航道仍呈现出流域来水量(大通流量)越大回淤集中分布区段越偏下游的特征(图 2-4)。

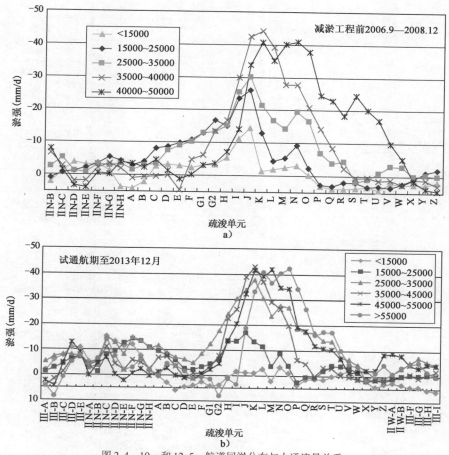

图 2-4　10m 和 12.5m 航道回淤分布与大通流量关系

注：图例中数字为大通流量，单位 m³/s。

2.3　北槽航道回淤组成

受台风、寒潮等大风浪天气影响，长江口深水航道一般会发生大规模浮泥现象和产生较大回淤，一般称之为非常态回淤。利用淤强替代法估算常态和非常态回淤量，结果见表 2-3，北槽 12.5m 航道维护期非常态回淤量年均约 870 万 m³。具体为：2010 年主要为 9 月"圆规"影响 92 万 m³，10—11 月期间寒潮大风影响分别为 534 万 m³ 和 359 万 m³，合计 985 万 m³；2011 年主要为 6 月"米雷"台风影响 444 万 m³、8 月"梅花"台风影响 398 万 m³，合计 842 万 m³；2012 年主要为 7 月 28 日至 8 月 29 日的"苏拉""达维""海葵""布拉万""天秤"，前三个台风共影响 412 万 m³，后两个台风共影响 1042 万 m³，合计 1454 万 m³；2013 年主要为 9—10 月"菲特和丹纳斯"影响 201 万 m³；2014 年主要为 7—10 月"浣熊""娜基莉""巴蓬和黄蜂"影响 1053 万 m³；2015 年主要为 7 月"灿鸿"影响 799 万 m³；2016 年主要为 9 月"莫兰蒂和马勒卡"影响 255 万 m³；

2010—2016 年北槽 12.5m 深水航道常态回淤量平均值为 5492 万 m³（表 2-3），占总回淤量的 85% 以上，常态回淤是北槽航道回淤的主体。

12.5m 航道常态和非常态回淤估算结果（万 m³）　　表 2-3

年　　份	回淤总量	骤淤量	常态回淤量
2010	5959	985	4974
2011	5588	842	4746
2012	8326	1454	6871
2013	6002	201	5801
2014	6863	1053	5810
2015	6212	799	5413
2016	5083	255	4828
平均值	6290	798	5492

2.4　河床质与航道回淤物质

分析航道回淤物采样和邻近滩槽泥沙粒径组分,可以判别航道淤积泥沙的运移形式和主要来源。2012 年 9 月—2013 年 8 月在北槽河段共开展 4 次现场底质取样,取样点布置见图 2-5。

图 2-5　北槽取样点布置(2013 年 3 月为例)

回淤集中的北槽中段河床质为粉砂和极细砂为主,航道南侧河床质($0.062\text{mm} < D_{50} < 0.250\text{mm}$),明显粗于北侧($0.016\text{mm} < D_{50} < 0.062\text{mm}$)(图 2-6)。

1)悬沙粒径

2012 年 2 月和 8 月洪枯季大小潮分层悬沙以黏粒和细粉砂为主,中值粒径一般在 $0.005 \sim 0.020\text{mm}$。悬沙中值粒径不同季节和沿程分布差异较小,但大潮大于小潮(图 2-7)。

2)回淤物粒径

2012 年 2 月—2013 年 8 月航道底质取样资料表明(图 2-8),北槽航道回淤物中值粒径一般为 0.030 ~ 0.040mm，洪枯季接近，回淤以悬沙落淤为主。

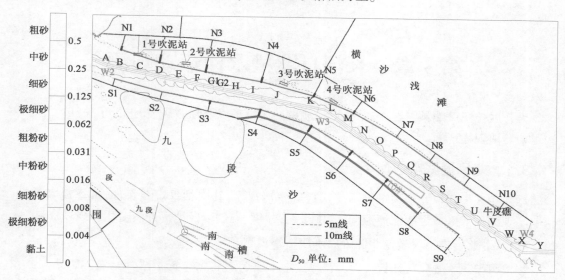

图 2-6　2013 年 8 月北槽中下段底质分布图

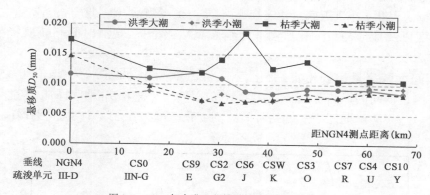

图 2-7　2012 年南港—北槽洪枯季悬沙中值粒径

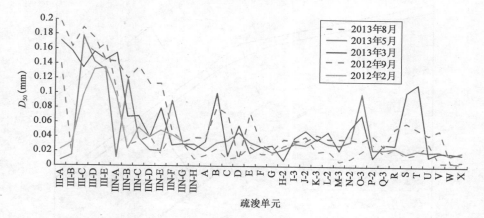

图 2-8　南港—北槽航道内底质粒径（D_{50}）沿程分布图

第3章 长江口北槽水沙运动观测

为开展长江口细颗粒泥沙动力过程、航道回淤机理以及预测研究,进行了长江口北槽水沙运动专项现场观测。

3.1 北槽近底水沙现场观测

近几年在长江口北槽共进行了 3 次近底水沙观测,其中枯季观测 2 次、洪季观测 1 次,获取了观测站点区域近底流速流向、含沙量、含盐度、温度以及地形冲淤变化等现场资料。

3.1.1 北槽中下段航道北侧近底水沙枯季观测

2012 年 2 月(枯季),在长江口北槽 W3 中下段航道北侧布置了两套坐底三脚架观测系统(观测站点分别为 T1 站点、T2 站点和 T3 站点,其中 T3 站点为 T2 站点第二阶段观测,见图 3-1),进行了大、中、小潮近底水沙连续观测,获取了观测站点区域近底流速流向、含沙量、含盐度、温度以及地形冲淤变化资料。详细观测站点坐标、观测时间和获取资料情况见表 3-1、表 3-2。

观测期间上游流量比较稳定,变化范围为 15000 ~ 16200m³/s,平均值为 15880m³/s(图 3-2)。测量期间的风速范围是 0.01 ~ 16m/s,平均风速 6.9m/s,风向以东北风和西北风为主(图 3-3)。测量期间牛皮礁站有效波高变化范围为 0.21 ~ 1.87m,平均值为 0.72m(图 3-4)。

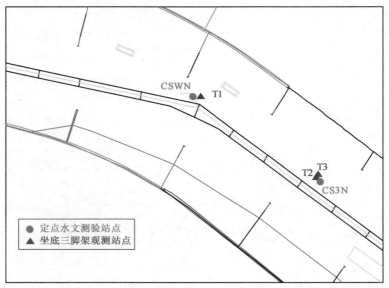

图 3-1 北槽中下段航道北侧坐底水沙观测站点布置

北槽中下段航道北侧坐底水沙观测时间安排　　　　　表 3-1

站点名称	观测时间	观测时间
T1	2 月 17 日（农历正月廿六） 11：00	2 月 24 日（农历二月初三） 13：00
T2	2 月 17 日（农历正月廿六） 11：00	2 月 24 日（农历二月初三） 13：00
T3	2 月 25 日（农历二月初四） 09：00	3 月 06 日（农历二月十四） 06：00

坐底系统站点坐标（中央经线 123°）　　　　　表 3-2

站号	北京 54		WGS-84	
	X	Y	北纬	东经
T1	21413038	3457563	31°14′10.02″	120°05′17.03″
T2	21418625	3453929	31°12′13.48″	120°08′49.18″
T3	21418721	3454061	31°12′17.81″	120°08′52.77″

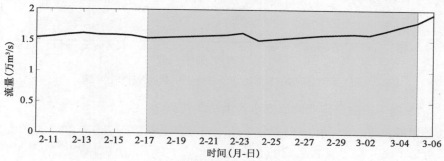

图 3-2　观测期间大通站流量过程

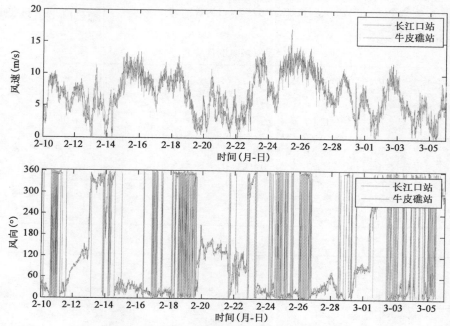

图 3-3　测量期间长江口站和牛皮礁站风速和风向过程

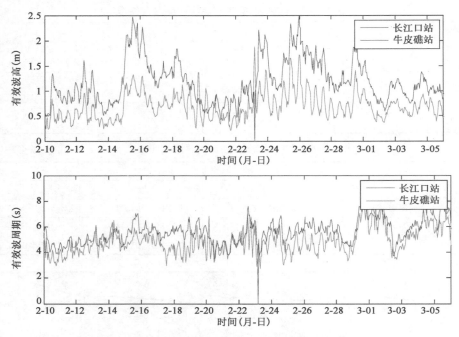

图 3-4　测量期间长江口站和牛皮礁站有效波高及波周期过程

3.1.2　北槽下段航道南北侧近底水沙洪枯季观测

2012 年洪季(8 月)和 2013 年枯季(2 月)在长江口北槽下段疏浚单元 N 单元航道南北侧布置了两套坐底三脚架观测系统(观测站点分别为 TR1 和 TR2 站点,见图 3-5),进行了大、中、小潮近底水沙连续观测,获取了观测站点区域近底流速、流向、含沙量、含盐度、温度资料,详细观测站点坐标、观测时间和获取资料情况见表 3-3、表 3-4。观测期间大通流量、天气情况以及波高情况见图 3-6 ~ 图 3-8。

现场观测时间安排　　　　　　　　　　　　　　　　　　　表 3-3

	2013 年枯季		2012 年洪季
大潮	2 月 26 日—2 月 27 日 (农历正月十七—正月十八)	小潮	8 月 12 日—8 月 13 日 (农历六月廿五—六月廿六)
中潮	3 月 3 日—3 月 4 日 (农历正月廿二—正月廿三)	中潮	8 月 14 日—8 月 15 日 (农历六月廿七—六月廿八)
小潮	3 月 6 日—3 月 7 日 (农历正月廿五—正月廿六)	大潮	8 月 17 日—8 月 18 日 (农历七月初一—七月初二)

坐底系统站点坐标(中央经线 123°)　　　　　　　　　　表 3-4

站点名称	X	Y
TR1	21416937	3453553
TR2	21417853	3454804

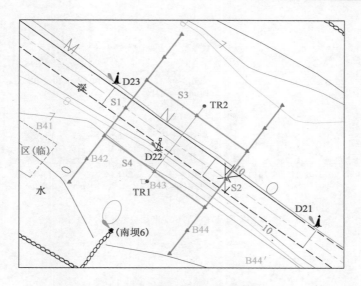

图 3-5　北槽中下段南北侧坐底水沙对比观测

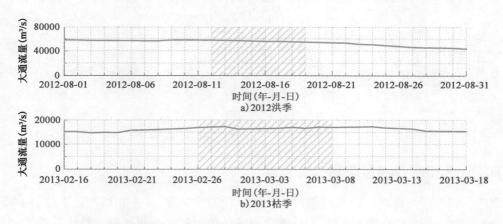

图 3-6　观测期间大通流量过程(2012 年洪季及 2013 年枯季,阴影为观测期)

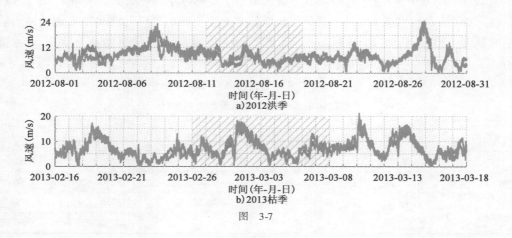

图　3-7

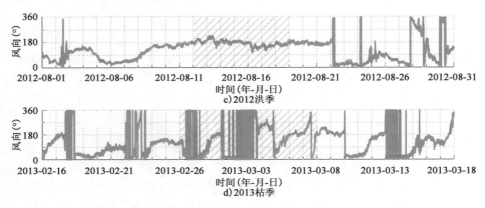

c) 2012洪季

d) 2013枯季

图 3-7　观测期间长江口站和牛皮礁站风速和风向过程

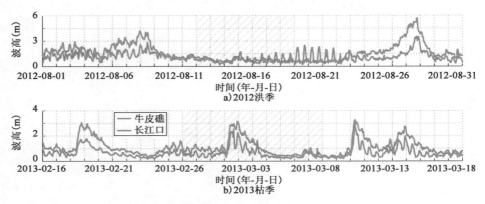

a) 2012洪季

b) 2013枯季

图 3-8　观测期间长江口站和牛皮礁站有效波高过程

3.2　北槽水沙通量观测

2011—2013 年,在长江口北槽进行了 4 次水沙通量观测,其中枯季测量 1 次、洪季测量 3 次(测点及断面位置见图 3-9;洪、枯季水文测验期的上游大通流量和北槽中站潮差情况见表 3-5;说明:2011 年 3 月枯季,缺测北导堤;2011 年 8—9 月洪季,缺测北导堤),用以分析北槽泥沙来源(按来沙方向)。由于洪季是北槽航道的主要回淤期,因此,主要以观测站点较为齐全的洪季(2012 年 9 月)观测结果,对北槽四侧边界的水沙输移特征和泥沙来源进行分析。

2011 年 3 月、2011 年 8~9 月、2012 年 9 月和 2013 年 9 月　　　　　　表 3-5
北槽通量四次观测期间水文边界条件

季节	潮型	测验时间段	大通流量 (m³/s)	北槽中站潮差 (m)
2011 年 3 月 (枯季)	大潮	2011-3-22 05:00—2011-3-23 12:00	13350	3.62
	中潮	2011-3-25 07:00—2011-3-26 13:00	13250	2.305
	小潮	2011-3-29 09:00—2011-3-30 16:00	13750	1.75
	平均值	—	13450	2.56

续上表

季节	潮型	测验时间段	大通流量 （m³/s）	北槽中站潮差 （m）
2011 年 8—9 月 （洪季）	大潮	2011-8-30 06：00—2011-8-31 12：00	29700	4.24
	中潮	2011-9-02 08：00—2011-9-03 14：00	28600	3.28
	小潮	2011-9-05 10：00—2011-9-06 16：00	26800	1.48
	平均值	—	28367	3.00
2012 年 9 月 （洪季）	大潮	2012-9-18 05：00—2012-9-19 12：00	38000	4.165
	中潮	2012-9-20 07：00—2012-9-21 13：00	37150	3.515
	小潮	2012-9-23 09：00—2012-9-24 16：00	37700	1.84
	平均值	—	37617	3.17
2013 年 9 月 （洪季）	大潮	2013-9-06 05：00—2013-9-07 10：00	29770	3.70
	中潮	2013-8-26 19：00—2013-8-28 01：00	31130	2.76
	小潮	2013-9-01 04：00—2013-9-02 10：00	30350	1.85
	平均值	—	30417	2.77

注：大通流量为测验期前 7d 数据，北槽中站潮差为潮周期内两涨两落潮差平均值。

3.2.1　2011 年枯季

2011 年枯季北槽水沙通量的现场同步观测在 2011 年 3 月 22—30 日期间开展，越堤流和断面通量观测的大潮、中潮和小潮同步观测时间见表 3-6，观测站点布置见图 3-10。

2011 年枯季大潮、中潮和小潮同步观测时间 表 3-6

潮　型	公　历	农　历	北槽中潮差 （m）	7d 前大通流量 （m³/s）
大潮	03-22 05：00—03-23 12：00	三月初一—三月初二	3.62	13350
中潮	03-25 07：00—03-26 13：00	三月初四—三月初五	2.30	13250
小潮	03-29 09：00—03-30 16：00	三月初八—三月初九	1.75	13750

注：大通流量为测验期前 7d 数据，北槽中站潮差为潮周期内两涨两落潮差平均值。

3.2.2　2011 年洪季

2011 年洪季通量同步观测于 8 月 30 日（农历八月初二）—9 月 6 日（农历八月初九）期间开展，越堤流和断面通量观测的大潮、中潮和小潮同步观测时间见表 3-7，观测站点布置见图 3-11。

2011 年洪季大潮、中潮和小潮同步观测时间 表 3-7

潮　型	公　历	农　历	北槽中潮差 （m）	7d 前大通流量 （m³/s）
大潮	08-30 6：00—08-31 12：00	八月初二—八月初三	4.24	21200
中潮	09-02 08：00—09-03 14：00	八月初五—八月初六	3.28	18400
小潮	09-05 10：00—09-06 16：00	八月初八—八月初九	1.48	19600

注：大通流量为测验期前 7d 数据，北槽中站潮差为潮周期内两涨两落潮差平均值。

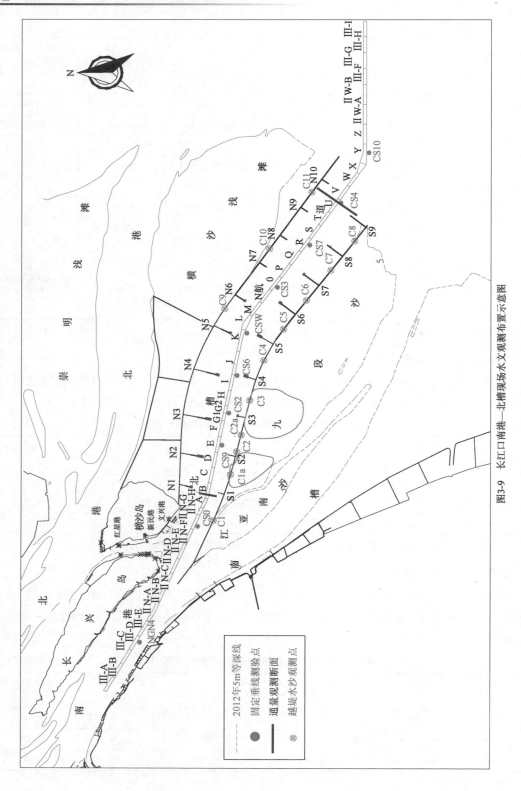

图3-9 长江口南港—北槽现场水文观测布置示意图

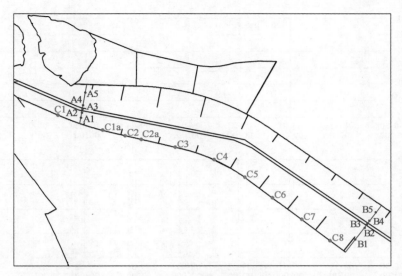

图 3-10　2011 年枯季北槽水沙通量观测断面和站点布置示意图

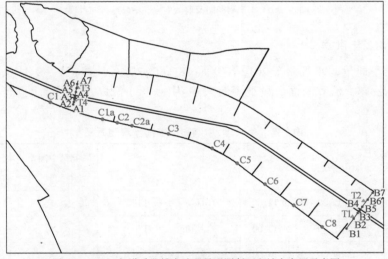

图 3-11　2011 年洪季北槽水沙通量观测断面和站点布置示意图

在观测开始前和观测期间分别受到了 2011 第 11 号"南玛都"台风和 2011 年第 12 号"塔拉斯"台风的影响（表 3-8 和图 3-12）。由于这两个台风距离长江口较远，观测前和观测期间仅受到了台风的边缘影响，尽管如此，现场观测前和观测期间的风力均达到了 5～6 级，尤其是 9 月 2—5 日，牛皮礁站观测到的风力持续维持在 6～10m/s（4～5 级），上述过程对本次观测中大潮和中潮的测量结果有较大的影响。

2011 年洪季观测期间对长江口有影响的台风过程　　　　　　　　　　　　　　表 3-8

台风名称	对长江口主要影响的期间	台风时间	登陆时间	登陆地
南玛都（NAMADOL）	08-29—08-31	08-23—08-31	08-31 02:20	福建省晋江沿海
塔拉斯（TALAS）	09-02—09-06	09-02—09-05	09-03 09:00	日本四国岛高知县

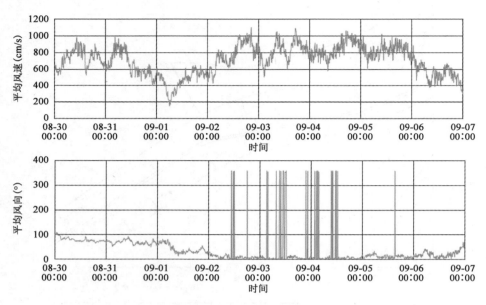

图 3-12　2011 年观测期间及前后牛皮礁站风速风向过程

3.2.3　2012 年洪季

2012 年洪季通量同步观测于 2012 年 9 月 18 日（农历八月初三）—9 月 6 日（农历八月初九）期间开展,越堤流和断面通量观测的大潮、中潮和小潮同步观测时间见表 3-9,观测站点布置见图 3-13。

2012 年洪季大潮、中潮和小潮同步观测时间　　　　　　　　　　表 3-9

潮　型	公　历	农　历	北槽中潮差（m）	7d 前大通流量（m³/s）
大潮	09-18 05:00—09-19 12:00	八月初三—八月初四	4.16	38000
中潮	09-20 07:00—09-21 13:00	八月初五—八月初六	3.51	37150
小潮	09-23 09:00—09-24 16:00	八月初八—八月初九	1.84	37700

注:大通流量为测验期前 7d 数据,北槽中站潮差为潮周期内两涨两落潮差平均值。

2012 年洪季通量观测前,长江口区域受到 2012 年第 16 号"三巴"台风的影响(台风统计见表 3-10)。该台风对长江口区域的影响较大,牛皮礁平台站观测到该台风对长江口的影响持续时间长(从 9 月 13—18 日),风力大(台风影响期间观测到的最大风速超过 20m/s,为 8 级风力),详见图 3-14。

2012 年洪季观测期间对长江口有影响的台风过程　　　　　　　　表 3-10

台风名	对长江口主要影响的期间	台风时间	登陆时间	登陆地
三巴（SANBA）	09-13—09-18	09-11—09-18	09-17 21:00 前后	韩国庆尚南道西南部沿海

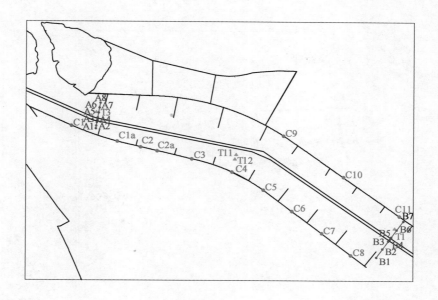

图 3-13　2012 年洪季北槽水沙通量观测断面和站点布置示意图

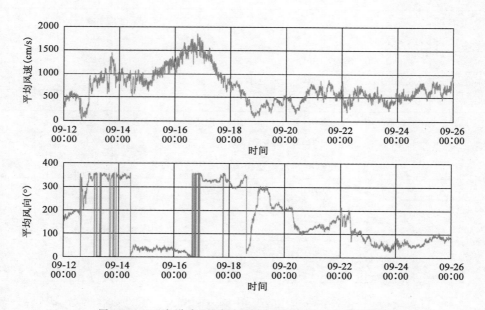

图 3-14　2013 年洪季北槽水沙通量观测断面和站点布置示意图

3.2.4　2013 年洪季

2013 年洪季通量同步观测于 2013 年 8 月 26 日(农历七月二十)—9 月 7 日(农历八月初三)期间开展,越堤流和断面通量观测的大潮、中潮和小潮同步观测时间见表 3-11,观测站点布置见图 3-15。

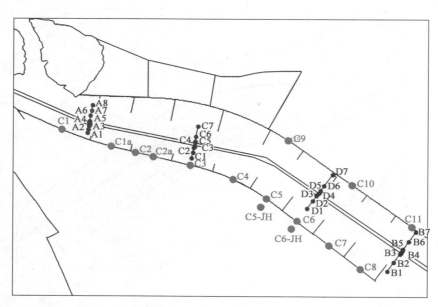

图3-15　2013年洪季北槽水沙通量观测断面和站点布置示意图

2013年洪季大潮、中潮和小潮同步观测时间　　　　　表3-11

潮　型	公　历	农　历	北槽中潮差 （m）	7d前大通流量 （m³/s）
大潮	09-06 05：00—09-07 10：00	八月初二—八月初三	3.70	29770
中潮	08-26 19：00—08-28 01：00	七月二十一—七月二十二	2.76	31130
小潮	09-01 04：00—09-02 10：00	七月二十六—七月二十七	1.85	30350

注：大通流量为测验期前7d数据，北槽中站潮差为潮周期内两涨两落潮差平均值。

2013年洪季通量观测期间，长江口受到了3次台风影响（表3-12）。

观测期间对长江口有影响的台风过程　　　　　表3-12

台风名	对长江口主要影响的期间	台风时间	登陆时间	登陆地
潭美 （TRAMI）	08-21—08-24	08-18—08-23	08-22 02：40	中国福建省 福清市沿海
康妮 （KONG-REY）	08-30—09-01	08-26—08-30	—	—
桃芝 （TORAJI）	09-02—09-04	09-02—09-04	09-04 02：00	日本鹿儿岛沿海

第4章 长江口北槽细颗粒泥沙运动特性试验

4.1 泥沙静水沉降试验

4.1.1 试验泥沙

取北槽的现场泥沙,经过循环筛选处理,得到与长江口现场悬沙中值粒径及主要级配组分基本相当的泥沙进行静水沉降试验。

4.1.2 试验设备

泥沙静水沉降试验采用上海河口海岸科学研究中心自主设计开发的大型可温控自动搅拌沉降试验筒(图4-1)。沉降筒内搭载有小型浊度计、水位计、小型高浓度(密度)测量设备(音叉)、自动升温保温设备及高压空气搅拌装置等。

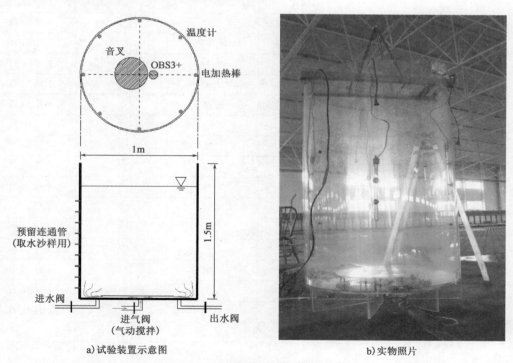

a)试验装置示意图　　　　　　　　　　　b)实物照片

图 4-1 大型可温控自动搅拌沉降试验筒

4.1.3 试验组次

试验进行了枯季、洪季水温条件下,盐度(0、5‰、7‰、10‰、15‰、20‰)和含沙量(0.6～18kg/m³)对泥沙沉速影响的试验。试验组次汇总见表4-1,枯季、洪季试验组次详细信息见表4-2、表4-3。

试 验 组 次 总 表　　　　　　　　　　　　　　表 4-1

试验	盐度(‰)	含沙量(kg/m³)	温度(℃)	试验组数
变温试验	7	1、4.5	14～30	18
枯季试验	0、5、7、10、15、20	0.6～25	7	67
洪季试验	0、5、7、10、12、15、21	0.5～18	27	86

枯季试验组次表(2012 年)　　　　　　　　　　表 4-2

盐度(‰)	序号	初始浊度(NTU)	初始含沙量(kg/m³)	温度(℃)	试验时间
0	1	7986	0.87	7	3 月 22 日
	2	10393	1.06	7	3 月 23 日
	3	13026	1.31	7	3 月 23 日
	4	14401	1.48	7	3 月 24 日
	5	16780	1.91	7	3 月 26 日
	6	20626	3.21	7	3 月 27 日
	7	23404	4.87	7	3 月 27 日
	8	26420	7.72	7	3 月 28 日
	9	26075	8.06	7	3 月 28 日
	10	19100	12.38	7	3 月 29 日
	11	10432	25.43	7	3 月 30 日
5	12	6817	0.74	7	4 月 10 日
	13	7536	0.83	7	4 月 10 日
	14	12525	1.25	7	4 月 11 日
	15	15692	1.59	7	4 月 11 日
	16	18425	2.35	7	4 月 12 日
	17	21311	3.55	7	4 月 14 日
	18	23285	4.78	7	4 月 15 日
	19	26602	7.93	7	4 月 15 日
	20	26310	8.05	7	4 月 16 日
	21	20840	11.75	7	4 月 16 日
	22	11449	17.0	7	4 月 16 日
7	23	5094	0.63	7	4 月 1 日
	24	6950	0.79	7	4 月 6 日
	25	9400	0.98	7	4 月 6 日
	26	12200	1.22	7	4 月 6 日
	27	14578	1.51	7	4 月 7 日
	28	16717	1.90	7	4 月 7 日
	29	19062	2.57	7	4 月 7 日

盐度 （‰）	序号	初始浊度 （NTU）	初始含沙量 （kg/m³）	温度 （℃）	试验时间
7	30	21438	3.62	7	4月7日
	31	24589	5.84	7	4月7日
	32	26701	8.05	7	4月7日
	33	25886	8.83	7	4月8日
	34	20295	12.08	7	4月8日
	35	11026	17.36	7	4月9日
10	36	9440	0.98	7	4月28日
	37	12874	1.29	7	4月28日
	38	15551	1.66	7	4月29日
	39	17803	2.17	7	4月29日
	40	20126	2.98	7	4月29日
	41	22133	4.01	7	4月29日
	42	24572	5.83	7	4月30日
	43	26621	7.95	7	4月30日
	44	24849	9.62	7	5月1日
	45	20222	12.21	7	5月1日
	46	10923	17.69	7	5月1日
15	47	4727	0.60	7	4月23日
	48	7537	0.84	7	4月23日
	49	10082	1.03	7	4月24日
	50	11894	1.19	7	4月24日
	51	14783	1.54	7	4月24日
	52	17101	1.99	7	4月25日
	53	20347	3.08	7	4月25日
	54	23419	4.88	7	4月25日
	55	26332	7.62	7	4月26日
	56	26696	8.12	7	4月27日
	57	20677	11.98	7	4月27日
	58	11494	17.13	7	4月28日
20	59	4781	0.60	7	4月17日
	60	6828	0.78	7	4月17日
	61	14730	1.53	7	4月20日
	62	17436	2.12	7	4月20日
	63	21945	3.90	7	4月21日

盐度 (‰)	序号	初始浊度 (NTU)	初始含沙量 (kg/m³)	温度 (℃)	试验时间
20	64	25707	6.93	7	4月21日
	65	26708	8.09	7	4月22日
	66	19507	12.51	7	4月22日
	67	11380	17.23	7	4月22日

洪季试验组次表（2012年） 表4-3

盐度 (‰)	序号	初始浊度 (NTU)	初始含沙量 (kg/m³)	温度 (℃)	试验时间
0	1	4997	0.63	27	6月3日
	2	7118	0.81	27	6月3日
	3	10257	1.05	27	6月3日
	4	12493	1.26	27	6月4日
	5	15143	1.60	27	6月4日
	6	17362	2.06	27	6月4日
	7	20460	3.13	27	6月5日
	8	24050	5.38	27	6月5日
	9	25842	7.08	27	6月5日
	10	25859	8.86	27	6月5日
	11	20379	12.14	27	6月6日
	12	10722	17.89	27	6月6日
5	13	4243	0.56	27	6月7日
	14	6144	0.73	27	6月8日
	15	7116	0.81	27	6月8日
	16	10138	1.04	27	6月8日
	17	12801	1.29	27	6月9日
	18	15009	1.58	27	6月9日
	19	16999	1.97	27	6月12日
	20	19971	2.92	27	6月12日
	21	22853	4.48	27	6月13日
	22	25916	7.16	27	6月13日
	23	24076	10.19	27	6月14日
	24	18807	12.81	27	6月14日
	25	10026	18.65	27	6月15日
7	26	4196	0.55	27	6月17日
	27	5170	0.64	27	6月17日

盐度 （‰）	序号	初始浊度 （NTU）	初始含沙量 （kg/m³）	温度 （℃）	试验时间
7	28	7303	0.82	27	6 月 17 日
	29	9858	1.02	27	6 月 18 日
	30	12434	1.25	27	6 月 18 日
	31	15356	1.64	27	6 月 18 日
	32	16858	1.94	27	6 月 19 日
	33	19923	2.90	27	6 月 19 日
	34	22767	4.43	27	6 月 19 日
	35	26067	7.32	27	6 月 20 日
10	36	4199	0.55	27	5 月 31 日
	37	5154	0.64	27	5 月 31 日
	38	6155	0.73	27	5 月 31 日
	39	7341	0.82	27	5 月 31 日
	40	10804	1.10	27	6 月 1 日
	41	11986	1.20	27	6 月 1 日
	42	15174	1.60	27	6 月 1 日
	43	16923	1.95	27	6 月 1 日
	44	19749	2.83	27	6 月 2 日
	45	22833	4.47	27	6 月 2 日
	46	25774	7.00	27	5 月 27 日
12	47	3847	0.52	27	5 月 27 日
	48	5221	0.65	27	5 月 28 日
	49	6857	0.79	27	5 月 29 日
	50	9586	1.00	27	5 月 29 日
	51	12736	1.28	27	5 月 29 日
	52	15273	1.62	27	5 月 29 日
	53	17364	2.06	27	5 月 29 日
	54	20292	3.06	27	5 月 30 日
	55	22969	4.56	27	5 月 30 日
	56	25994	7.24	27	5 月 30 日
	57	26407	8.38	27	5 月 30 日
	58	20694	12.00	27	5 月 31 日
	59	11197	17.43	27	5 月 31 日
15	60	4354	0.57	27	6 月 24 日
	61	5464	0.67	27	6 月 25 日

盐度 (‰)	序号	初始浊度 (NTU)	初始含沙量 (kg/m³)	温度 (℃)	试验时间
15	62	7149	0.81	27	6 月 25 日
	63	10040	1.04	27	6 月 25 日
	64	12177	1.22	27	6 月 26 日
	65	14916	1.56	27	6 月 26 日
	66	17055	1.98	27	6 月 26 日
	67	19965	2.92	27	6 月 26 日
	68	23150	4.69	27	6 月 27 日
	69	25770	7.00	27	6 月 27 日
	70	25653	9.03	27	6 月 28 日
	71	20458	12.11	27	6 月 29 日
	72	10469	18.16	27	6 月 29 日
20	73	4100	0.54	27	7 月 10 日
	74	5272	0.65	27	7 月 10 日
	75	6238	0.73	27	7 月 11 日
	76	7213	0.81	27	7 月 11 日
	77	9979	1.03	27	7 月 11 日
	78	12345	1.24	27	7 月 11 日
	79	14786	1.54	27	7 月 12 日
	80	17277	2.04	27	7 月 12 日
	81	19772	2.84	27	7 月 12 日
	82	22744	4.41	27	7 月 13 日
	83	25775	7.01	27	7 月 14 日
	84	25789	8.92	27	7 月 16 日
	85	20732	11.99	27	7 月 16 日
	86	10321	18.32	27	7 月 17 日

4.1.4 试验结果分析

（1）含沙量对沉速的影响（图 4-2）。

①不论洪枯季，沉速与含沙量的关系都是先增加后减小，且拐点位置基本相同：即含沙量在 0 ~ 3 kg/m³ 时，沉速随含沙量迅速增加，这个过程属于絮凝加速沉降阶段（红色框内）；当含沙量在 3 ~ 8kg/m³ 之间时，沉速达到最大絮凝沉速（蓝色框内），并随着含沙量在一定范围内时能基本保持平稳，最佳絮凝含沙量为 4 ~ 6kg/m³，极限沉速为 0.25 ~ 0.4mm/s；当含沙量超过 8 kg/m³ 时，属于阻滞沉降阶段（黑色框内），沉速在原有基础上迅速下降，基本达到一个下限值，且对含沙量的敏感程度大幅降低。

②在絮凝加速沉降阶段，沉速随着含沙量的增加迅速增大，含沙量为 0.5kg/m³ 和 2.5kg/m³ 时，其他条件一样，沉速可相差 10 倍以上。

③洪枯季沉速主要在最大絮凝沉速阶段有明显差异,到阻滞沉降阶段,温度对沉速的影响较小。

④在图 4-2 中,竖向上红色点较为密集,黑色点较为分散,尤其是在蓝色框内,这也间接说明洪季时盐度对沉速的影响较枯季时要小。

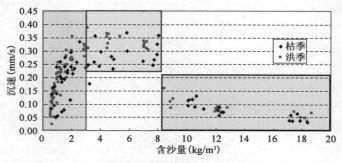

图 4-2　不同含沙量对沉速的影响

(2)盐度对沉速的影响。洪枯季水温条件下,盐度对沉速的影响见图 4-3、图 4-4,由图可见:

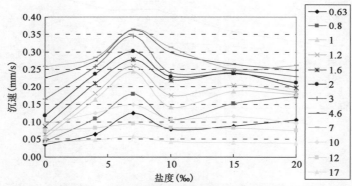

图 4-3　枯季情况下不同盐度对沉速的影响

注:图例中不同颜色代表含沙量,单位 kg/m³。

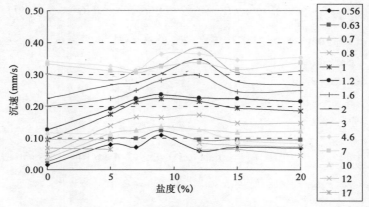

图 4-4　洪季情况下不同盐度对沉速的影响

注:图例中不同颜色代表含沙量,单位 kg/m³。

①枯季水温时(图4-3),不同的含沙量水平时,尽管沉速有所不同,沉速最大时对应的盐度基本都在7‰;含沙量相同、盐度不同时,盐度对沉速的影响在1.8~5.7倍;当含沙量较高时,盐度对沉速的影响较小。

②洪季水温时(图4-4),不同的含沙量水平时,最佳絮凝盐度在10‰~12‰;洪季水温时盐度对沉速的影响程度较枯季时小得多;含沙量相同、盐度不同时,盐度对沉速的影响在1.5~2.2倍之间;同样,当含沙量较高时,盐度对沉速的影响较小。

(3)温度水沉速的影响。为单独分析温度对沉速的影响,选取了盐度为7‰,含沙量为1kg/m³和4.5kg/m³情况下,温度从7℃逐渐变化到30℃时(变化间距为2℃),温度对沉速的影响关系(图4-5)。总体上,温度上升,沉速是增加的,但不同阶段影响程度有所不同:含沙量为1kg/m³(絮凝加速阶段)时,温度对沉速的影响不太明显,温度从7℃变化到30℃时,沉速从0.17 mm/s升高至0.24 mm/s;而含沙量为4.5kg/m³(最大絮凝阶段)时,温度对沉速的影响比较明显,温度从7℃变化到30℃时,沉速从0.20mm/s升高至0.42mm/s,约为2倍。在阻滞沉降阶段,由图4-5可见,当含沙量超过8 kg/m³后,温度对沉速基本无影响。

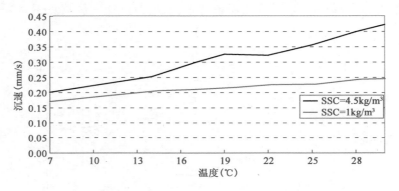

图4-5   不同含沙量条件下温度对沉速的影响

(4)长江口北槽细颗粒泥沙沉速经验公式。采用二元一次回归法,以含沙量、盐度和温度为因变量率定得到的长江口北槽悬沙(中值粒径为6~10μm)静水沉速经验公式:

$$\omega = [k_1 (S - s_0)^2 + k_2] \times C^{k_3} \quad (0 \leqslant S < 30, 0 \leqslant C < 20) \tag{4-1}$$

式中,ω 为沉速(mm/s);S 为含盐度(‰);C 为含沙量(kg/m³);s_0 为最佳絮凝盐度(‰);k_1、k_2、k_3 为经验系数。

①枯季(水温为5~15℃)。

絮凝加速段:相关性 $R = 0.86$

$$s_0 = 7, k_1 = -0.0067, k_2 = 0.22, k_3 = 0.49 \quad (4 \leqslant S \leqslant 10, 0.5 < C \leqslant 3)$$

$$s_0 = 7, k_1 = 0.0005, k_2 = 0.10, k_3 = 0.41 \quad (0 \leqslant S < 4 \text{ 或 } 10 < S < 30, 0.5 < C \leqslant 3)$$

$$s_0 = 7, k_1 = -0.0004, k_2 = 0.23, k_3 = 0.16 \quad (3 < C \leqslant 8)$$

②洪季(水温为25~30℃)。

絮凝加速段:相关性 $R = 0.94$

$$s_0 = 12, k_1 = -0.0025, k_2 = 0.20, k_3 = 0.68 \quad (0.5 < C \leqslant 3, 9 \leqslant S \leqslant 15)$$
$$s_0 = 12, k_1 = -0.0004, k_2 = 0.18, k_3 = 0.66 \quad (0.5 < C \leqslant 3, 0 \leqslant S < 9 \text{ 或 } 15 < S < 30)$$
$$s_0 = 12, k_1 = -0.0001, k_2 = 0.41, k_3 = 0.12 \quad (3 < C \leqslant 8)$$

③洪、枯季。

制约减速段:相关性 $R = 0.87 (8 < C \leqslant 20)$

$$k_1 = 0, k_2 = 0.99, k_3 = -1.02$$

4.2　水流作用下的泥沙起动试验

4.2.1　试验沙样

泥沙起动试验的沙样取自于长江口北槽的现场原状泥沙。为了对比分析,选取三组不同的沙样。其中值粒径依次为 $8\mu m$、$35\mu m$ 及 $82\mu m$(详细级配曲线见图4-6)。试验用水采用长江口现场采集海水(盐度9‰)。

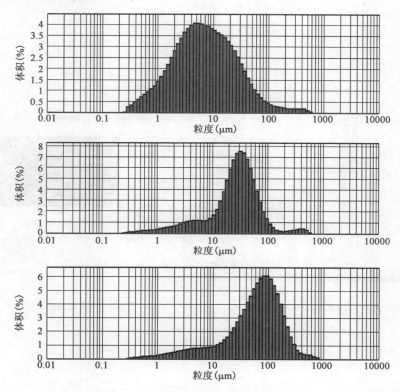

图4-6　细、中、粗泥沙样品级配(粒度分布)图

4.2.2　试验设备

泥沙起动试验在上海河口海岸科学研究中心自建的环形水槽内进行的,水槽尺寸为 2.16m(外径)×1.84m(内径)×0.5m(槽高),如图4-7、图4-8所示。

环形水槽配制了转速控制及数据采集系统(图4-9、图4-10),能实现环形水槽运转时的上、下盘转速分别控制及上盘位置升降控制。流速测量采用 ADV 流速仪(图4-11),含沙量采用分层取样、过滤称重法与 OBS 浊度仪(图4-11)相结合的方法测量。

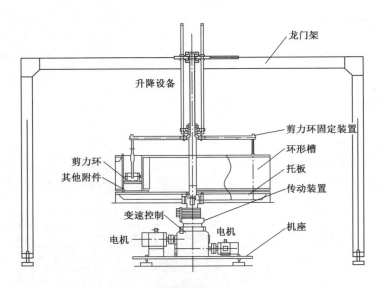

图 4-7　环形水槽基本结构图

图 4-8　环形水槽(上海河口海岸科学研究中心)

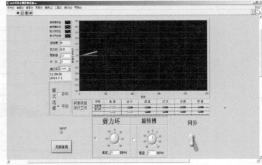

图 4-9　环形水槽控制系统

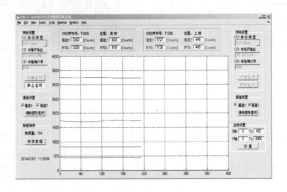

图 4-10　OBS 数据无线采集系统

a) OBS 浊度仪　　　　　　　　　　　　　　b) ADV 流速仪

图 4-11　OBS 浊度仪及 ADV 流速仪

4.2.3　试验方法

（1）将泥沙样品均匀铺在环形水槽底部（2~3cm 厚度），然后加水至水深为 15cm 为止。试验运行初始时刻见图 4-12。

图 4-12　试验运行初始时刻示意图

（2）起动环形水槽,高速旋转（提高槽内水流的流速）,直至所有泥沙全部起动,然后停止水槽,水体内的泥沙会自然沉降,直至环形槽底部的泥沙厚度无明显变化即可进行下一步试验（一般沉降时间为 48h）。

（3）再次起动环形水槽,将水槽中的流速分为 10 级,从低速开始,每个流速级保持 2~4h（根据 OBS300 的浊度值变化曲线判断悬沙浓度是否稳定）,每个流速级下至少取水样 2~3 次,以率定 OBS 值及计算冲刷系数用。

（4）每当悬沙浓度稳定时,利用采水瓶取表中底三层的水样,之后将水槽流速提高一级。

（5）当水槽流速达到最大时（注意观察底部泥沙是否完全起动）,逐级减小水槽中的流速,观测减速过程中的浊度变化情况,每个流速级至少保持 2~3h,并在稳定后取水样,单组试验时间为连续的 20~40h。

4.2.4　试验现象

逐级增加水流流速,在某一级流速作用时,观察泥沙的起动情况,并通过 OBS 记录水体

浊度值的变化,试验基本现象如下(图4-13):

(1)当水流速度很小时,泥沙保持静止状态,床面无变化,保持平整。

(2)水流速度略微增加后,床面出现很细的、顺水流方向的条纹,少量泥沙顺着条纹线运动;流速再略微增加,条纹更加明显、密集,但当流速再增加后,条纹末端的泥沙悬扬后立即被水流带走,悬扬现象也逐渐明显。

(3)水流速度再增加后,床面会出现零散的小坑,并有小块泥片被掀起并随水流在床面上运动,在掀起泥片的同时伴随着泥沙悬扬。

(4)流速再增加,则悬沙呈浓烟状悬扬,很快水体变浑浊,凭肉眼直接观察已经看不清床面情况。流速再增加,泥沙大量起动,靠近边壁的床面高度有明显下降现象。同时,OBS记录的浊度值(即含沙量)也明显增加。

a)床面静止,水体澄清

b)少量单颗粒细颗粒开始进入悬浮状态

c)部分弱固结泥沙片状起动

d)泥沙普遍起动,水体明显浑浊

图4-13　床面泥沙运动及水体浑浊状态示意图

4.2.5　泥沙起动的判别

根据本试验的前期探索发现,在流速均匀增加的过程中,床面表层泥沙中的细颗粒成分开始慢慢进入水体,水体开始变浑,此时床面随着水体浊度的增加变得难以目测,含沙量呈线性缓慢增加,随后当水流强度达到某一值后,含沙量变化梯度突然急剧增加,同时水流脉动强度在这个节点上也突然减弱(图4-14)。根据该特征可见,此时床面已发生明显的冲刷。因此把近底层含沙量梯度的变化作为细颗粒泥沙起动的判别标准。

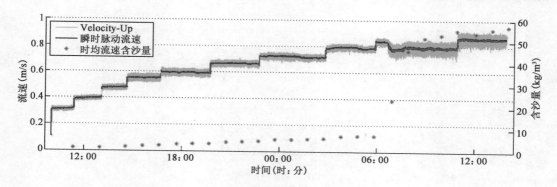

图 4-14　起动试验过程中含沙量、流速的相关关系

4.2.6　试验结果分析

本次试验采用起动流速、摩阻流速、临界起动切应力等各项指标综合表达泥沙的起动特性。ADV 流速采集仪采样频率为 50Hz,OBS 采样仪的采集频率为 3Hz。底部切应力的估算采用湍动能(TKE)法:

$$E = \frac{1}{2}(\overline{u'^2} + \overline{v'^2} + \overline{w'^2})\qquad(4-2)$$

通过上式,由湍动能转换为剪应力:

$$\tau = 0.19\rho E\qquad(4-3)$$

$$\rho = 1000 + 0.62C\qquad(4-4)$$

式中,ρ 为水体密度(包含悬移质);C 为含沙量。

根据不同粒径条件下,试验得到的实测流速、实测底部含沙量、估算的底部切应力的关系见图 4-15(图中与横坐标相垂直的绿色虚线,即为根据含沙量梯度法确定的泥沙起动的时刻)。

(1)粒径为 8μm 的泥沙的起动流速为 0.78m/s,临界起动应力 0.46Pa;粒径为 35μm 的泥沙的起动流速为 0.55m/s,临界起动应力 0.34Pa;粒径为 82μm 的泥沙的起动流速为 0.29m/s,临界起动应力 0.19Pa。

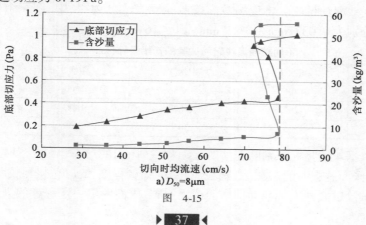

a)$D_{50}=8\mu m$

图　4-15

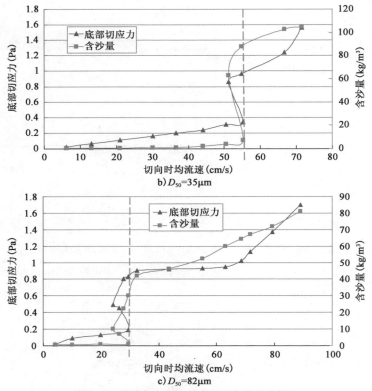

图4-15 流速与含沙量、底部切应力关系对应图

（2）由上可知，粒径越大，起动流速越小，相应的临界起动应力越小。即粗颗粒相对更容易起动，而细颗粒之间的黏结力相对较大，抵抗水流扰动的能力较强；这与常规的Sheids曲线认识的泥沙起动规律基本一致，即认为粒径为100μm左右起动流速最小，粒径往两侧走，起动流速和临界剪切应力逐渐增加。

（3）床面泥沙起动后，流速会有小幅的降低，这是由于在那个瞬时水流的动能部分转移到泥沙颗粒上，同时临底含沙量突然增加10倍以上。

4.2.7 其他水流泥沙起动试验结果

交通运输部天津水运工程科学研究院采用长江口北槽现场泥沙，在长直水槽中进行了水流作用下的泥沙起动试验。将现场沙洋按照粒径大小分为粗、中、细三组（表4-4），对应平均中值粒径分别为0.0377mm、0.0227mm及0.0164mm。

不同粒径泥沙起动试验的初始条件（kg/m³）　　　　表4-4

泥样	组次1	组次2	组次3	组次4
粗颗粒	1406	1473	1600	—
中颗粒	1297	1380	1490	1580
细颗粒	1205	1305	1405	1476

试验主要依据4个指标来判断泥沙的起动程度：床面的形态（条纹、涡等）、床面高度升降情况、悬沙从床面悬起时的烟雾（细颗粒泥沙）的稀稠程度和高度、粗颗粒跃动或滚动程度等。本次起动试验以底沙大量起动即床面旋涡遍布、床面发生一定程度的升降、泥沙以浓烟

形式从床面多个位置上悬起、部分颗粒发生跃动等多个现象同时发生时作为起动的判别标准。图 4-16 为一个泥沙起动试验的床面以及含沙量变化过程线。

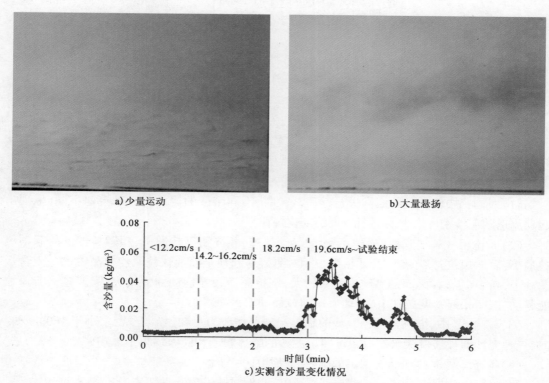

a) 少量运动   b) 大量悬扬

c) 实测含沙量变化情况

图 4-16   细颗粒泥沙 $\rho = 1205 \text{kg/m}^3$ 时泥沙起动过程

泥沙起动试验结果见表 4-5,各组泥沙样品的临界起动切应力与泥沙密度的关系如图 4-17 所示。

水流作用下起动流速试验结果   表 4-5

泥 样	密度 (kg/m³)	水深 (cm)	u_c (m/s)	u_c^* (cm/s)	临界起动切应力 (N/m²)
细颗粒	1205	30	0.20	0.865	0.075
	1305	30	0.34	1.412	0.199
	1405	30	0.43	1.751	0.307
	1476	30	0.53	2.133	0.455
中颗粒	1297	30	0.32	1.359	0.185
	1380	30	0.43	1.751	0.307
	1490	30	0.55	2.194	0.481
	1580	30	0.71	2.763	0.764
粗颗粒	1406	30	0.36	1.501	0.225
	1473	30	0.45	1.827	0.334
	1600	30	0.55	2.194	0.481

注:u_c 表示临界起动断面平均流速;u_c^* 表示临界起动摩阻流速。

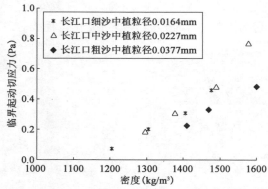

图4-17　各组泥沙样品的临界起动切应力与泥沙密度的关系

由试验结果可知：

（1）对同一中值粒径的泥样进行起动试验时，不同密度的泥沙的起动流速不同，呈现出起动流速随泥沙密度增大而逐渐增大的变化规律。

（2）对比粗、中、细三种粒径的泥沙的起动流速，相同密度情况下，粗颗粒泥沙的起动流速最小，而细颗粒泥沙的最大，即粗颗粒相对更容易起动。而细颗粒泥沙样品中的黏土含量达到了30.2%，颗粒之间的黏结力相对较大，抗拒泥沙颗粒运动的力较大，需要较大流速才能起动，因而相同密度条件下，起动流速随粒径的增大而减小。

（3）综合粗、中、细三种粒径泥沙的临界起动剪切应力可知，当泥沙密度小于1600kg/m³时，三种泥沙即长江口深水航道新近回淤泥沙的临界起动切应力均小于1.0Pa。

（4）鉴于三种泥沙样品表现出的临界起动切应力与密度关系基本一致，为了便于数学模型使用，将三组数据综合在一起，拟合出长江口北槽泥沙临界起动切应力 τ_c 与密度 ρ_m 关系，如图4-18所示，关系式如下：

$$\tau_c = 4 \times 10^{-6} \times (\rho_m - 1000)^{1.88} \tag{4-5}$$

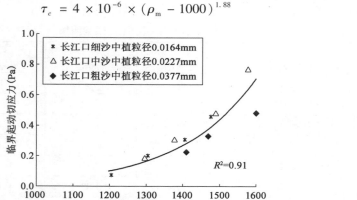

图4-18　长江口北槽泥沙临界起动切应力与密度关系

4.3　波浪作用下的泥沙起动试验

1）试验沙洋

试验沙样取自北槽中下段滩面泥沙，采用激光粒度仪开展颗分试验，试验泥沙级配曲线见图 4-19。泥沙以粗粉砂和极细沙为主,泥沙中值粒径为 0.063mm。

　　2）试验设备

　　波浪作用下泥沙起动试验在波浪长直水槽中进行(图 4-20)。

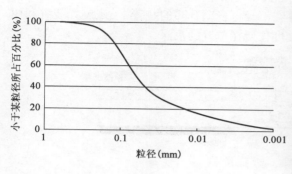

图 4-19　试验泥沙级配曲线

图 4-20　试验长直水槽

　　(1)水槽:泥沙起动试验在上海河口海岸科学研究中心的长直水槽内进行,水槽尺寸(长 × 宽 × 高)为 135.0m × 1.0m × 1.2m,水槽尾部设有人字形消波器及消浪斜坡。

　　(2)波要素测量仪器采用南京水利科学研究院研制的波高仪和大连理工大学研制的波高仪。

　　(3)近底流速测量采用 ADV 流速仪(图 4-21),该流速仪主要由信号处理器和测速探头两部分组成。采用先进的多普勒技术测量单点流速,流速测量范围可低至 0.25cm/s,准确度可达所测流速的 1%。

图 4-21　ADV 流速仪

　　(4)含沙量采用分层取样、过滤称重法与 OBS 浊度仪(图 4-22)相结合的方法测量,其中,OBS 浊度仪通过红外光学传感器接收红外辐射光的散射量来监测悬浮物质,然后通过相关分析,建立水体浊度与泥沙浓度的相关关系,进行浊度与泥沙浓度的转化,从而得到泥沙含量。

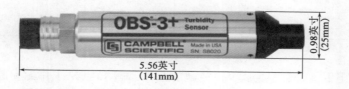

图 4-22　OBS 浊度仪

3）试验布置

在水槽中段开设一段长 3.0m、高 0.08m 的储泥槽,试验时泥沙铺设其中(图 4-23)。试验段开始和结尾处各布波高仪 1 台,用以测量试验波高;试验段中部布置流速仪 1 台,用以测量近底流速;铺沙后段共安置 3 个 OBS 浊度仪,用以测量不同水深的含沙量。在铺沙后段侧布置了 1 台浊度仪和取水样装置,二者布置在一套可自动升降的装置上,该装置装有利用压力量测水深的装置,用以测量所取水样和浊度仪所在位置的水深。

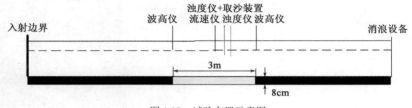

图 4-23 试验布置示意图

4）试验方法

(1)试验前先将现场浸泡并搅拌好的泥沙均匀铺在水槽底部,并将泥沙床面抹平,之后缓慢注入自来水至试验水深。每组试验泥沙均自然密实 24h 后开始试验,开始前均重新搅拌铺沙。

(2)试验时,波高先从小波开始,然后逐渐增大。试验人员在铺沙段观察水体颜色、泥面的变化情况,同时通过 OBS 浊度仪监测水体中浊度值的变化。

(3)本次试验泥沙为细颗粒泥沙,起动以泥沙的卷起、悬扬为主要特征。试验过程中,根据直接观察和含沙量变换过程分析,以床面泥沙"大量悬扬"作为泥沙起动的判别标准。

5）试验组次

试验进行了不同水深、不同波周期条件下的泥沙起动试验,试验组次见表 4-6。

波浪作用下泥沙起动试验组次   表 4-6

序号	水深(cm)	初始密度(g/cm³)	周期 T(s)
1			1.0
2	30	1.75	1.5
3			2.0
4			1.0
5	35	1.75	1.5
6			2.0
7			1.0
8	40	1.75	1.5
9			2.0

6）试验现象

在小波浪作用下,床面表层泥沙有轻微的荡漾、蠕动,但泥沙并无卷起现象;波高加大时,参与晃动的泥沙增多,在床面最薄弱的地方有小团的泥沙卷起、悬扬;当波高增加到一定强度时,大量泥沙参与运动,近底形成高浓度的含沙水体,在波浪的持续作用下,部分泥沙悬扬至上部水体,水体逐渐变得浑浊,此时,浊度计的信号也明显变大。本次起动试验以底沙大量起动即床面漩涡遍布、床面发生一定程度的升降、泥沙以浓烟形式从床面多个位置上悬起、部分颗粒发生跃动以及浊度计信号明显增加等多个现象同时发生时作为起动的判别标准。

　　图 4-24 为波浪作用下泥沙起动试验现象,图 4-25 表示了不同波浪条件下,在波高变化过程中含沙量的变化过程(此处含沙量为近底 5cm 处的值)。从图中可以看出,在波浪作用下,近底的含沙量在增加,在波高逐渐增加的过程中,含沙量随之增大。此次泥沙试验起动是以底沙大量起动并悬浮至上部水体为判别标准,而且波浪作用下,近底存在明显的高含沙层(图 4-24),因此近底含沙量可达到 $1 \sim 3 \text{kg/m}^3$。

a)少量起动　　　　　　　　　　　b)大量悬扬

图 4-24　波浪作用下泥沙起动试验现象

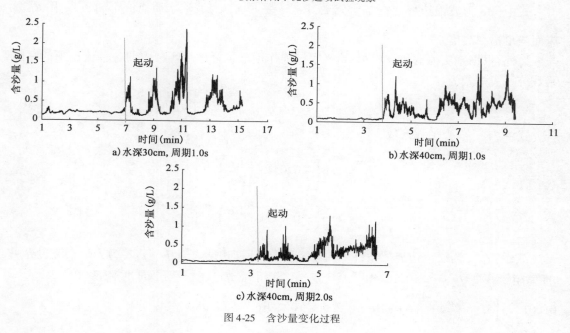

a)水深30cm,周期1.0s　　　　　　b)水深40cm,周期1.0s

c)水深40cm,周期2.0s

图 4-25　含沙量变化过程

7）试验结果

波浪作用下泥沙起动试验直接得到的参数是波周期及其对应的起动波高，但试验水槽存在比尺效应。为便于应用于实际，将泥沙起动条件整理为近底的起动流速和起动剪切力。

波浪作用下的床面最大剪切力一般可表示为：

$$\tau_w = \frac{1}{2}\rho f_w u_{bm}^2 = \rho u_*^2 \tag{4-6}$$

式中，u_{bm} 为波浪水质点近底最大速度，一般采用微幅波理论得到；u_* 为波浪摩阻速度；f_w 为波浪底摩阻系数；ρ 为水体密度。

波浪底摩阻系数的确定，不同的边界层有不同的确定方法。

层流边界层：

$$f_w = \frac{2}{\sqrt{R_g}} \tag{4-7}$$

光滑紊流边界层：

$$\frac{1}{4\sqrt{f_w}} + 2\lg\frac{1}{4\sqrt{f_w}} = \lg Re - 1.55 \tag{4-8}$$

粗糙紊流边界层：

$$\frac{1}{4\sqrt{f_w}} + \lg\frac{1}{4\sqrt{f_w}} = \lg\frac{a_m}{\kappa_s} \tag{4-9}$$

式中，Re 为波浪边界层振幅雷诺数，$Re = \dfrac{u_{bm}a_m}{\nu}$；$a_m$ 为波浪水质点底部轨迹振幅；κ_s 为床面当量糙率高度。

另外，根据张庆河的研究成果，定义了波浪作用下包括过渡区在内的各种流态下的摩阻系数统一表达式为：

$$f_w = f_2[f_1 f_{w(L)} + (1 - f_1)f_{w(s)} + (1 - f_2)f_{w(R)}] \tag{4-10}$$

式中，f_1、f_2 为加权系数。

$$f_1 = \exp\left[-0.0513\left(\frac{Re}{Re_1}\right)^{4.65}\right]$$

$$f_2 = \exp\left[-0.0101\left(\frac{Re}{Re_3}\right)^{2.06}\right]$$

式中，$f_{w(L)}$ 为层流边界层条件下的摩阻系数，计算式见式(4-7)；$f_{w(s)}$ 为光滑紊流边界层的摩阻系数，$f_{w(s)} = 0.184Re^{-0.265}$；$f_{w(R)}$ 为粗糙紊流边界层的摩阻系数，$f_{w(R)} = 0.001\exp\left[5.96\left(\frac{a_m}{\kappa_s}\right)^{-0.155}\right]$；$Re_1 = 2.5\times10^5$；$Re_3 = 24.98\,(a_m/\kappa_s)^{1.15}$。

波浪起动试验结果见表 4-7。从表中可以看出,相同水深条件下,波浪周期越大,泥沙的起动波高越小;相同波浪周期条件下,水深越大,泥沙起动波高越大;对于自然密实 1d(24h) 的长江口现场泥沙(中值粒径 0.063m),波浪作用下泥沙的起动临界剪切力约为 0.325 N/m^2。

波浪作用下泥沙起动试验结果

表 4-7

序号	水深 (cm)	初始密度 (g/cm^3)	周期 T (s)	起动波高 (cm)	流速 u_{bm} (cm/s)	摩阻流速 (cm/s)	起动切应力 (N/m^2)
1			1.0	8.00	14.39	1.87	0.35
2	30	1.75	1.5	7.29	17.70	1.88	0.35
3			2.0	6.5	17.17	1.72	0.30
4			1.0	9.1	13.64	1.82	0.33
5	35	1.75	1.5	8.3	18.07	1.90	0.36
6			2.0	7.7	18.53	1.79	0.32
7			1.0	9.2	11.54	1.68	0.28
8	40	1.75	1.5	8.5	16.63	1.82	0.33
9			2.0	8.1	17.92	1.76	0.31
平均值					—	1.80	0.325

4.4　泥沙冲刷试验

冲刷试验是在水流作用下泥沙起动试验的基础上进行的。试验的组次同起动试验。

冲刷系数是根据 Ariathurai-Partheniades 公式进行确定的:

$$E = H\frac{\Delta C}{\Delta t} \tag{4-11}$$

式中,ΔC 为底部含沙量的变化;Δt 为对应的历时;H 为水深。

在每一个流速级别下,根据取样时间内底部含沙量的变化换算出冲刷系数。不同粒径下的冲刷系数计算见表 4-8 ~ 表 4-10。

冲刷系数计算表(粒径为 8μm)

表 4-8

组　　次	底部含沙量(kg/m^3)	冲刷系数[$kg/(m^2 \cdot s)$]
1	23.1	6.20×10^{-4}
2	45.9	9.70×10^{-4}
3	51.9	2.40×10^{-4}
4	53.1	5.00×10^{-4}
5	55.2	8.40×10^{-5}
6	55.7	1.00×10^{-5}
7	56.9	5.00×10^{-5}
平均值	48.8	3.53×10^{-4}

冲刷系数计算表（粒径为 35μm）　表 4-9

组　次	底部含沙量（kg/m³）	冲刷系数［kg/(m²·s)］
1	1.0	8.00×10^{-4}
2	7.0	5.50×10^{-4}
3	10.0	4.80×10^{-4}
4	22.1	2.90×10^{-4}
5	30.1	4.00×10^{-5}
平均值	14.0	4.32×10^{-4}

冲刷系数计算表（粒径为 82μm）　表 4-10

组　次	底部含沙量（kg/m³）	冲刷系数［kg/(m²·s)］
1	0.6	1.20×10^{-6}
2	0.8	9.50×10^{-6}
3	1.0	2.10×10^{-6}
4	1.9	1.20×10^{-5}
5	3.8	1.20×10^{-5}
6	7.3	2.50×10^{-5}
平均值	2.6	1.03×10^{-5}

通过试验得到的长江口细颗粒泥沙冲刷系数约为 $3.5 \times 10^{-4} \sim 1.0 \times 10^{-5}$［kg/(m²·s)］，总体上粒径变大，底部含沙量减小，冲刷系数也有减少的趋势。

交通运输部天津水运工程科学研究院采用长江口北槽现场泥沙，在长直水槽中进行了水流作用下的泥沙冲刷试验。图 4-26 ~ 图 4-30 为粗颗粒泥沙 $D_{50} = 0.0377$mm，$\rho = 1483$ kg/m³，$v = 48.6$cm/s 的试验现象和结果。

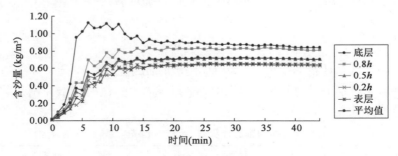

图 4-26　各层含沙量变化情况

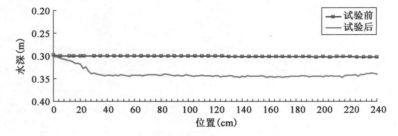

图 4-27　中轴线断面地形冲刷变化情况

图 4-28　地形冲刷变化情况

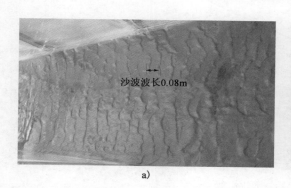

a)

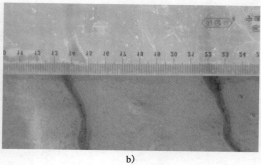

b)

图 4-29　实际地形变化情况

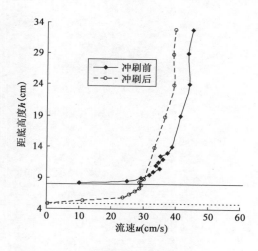

图 4-30　冲刷前后垂线流速对比

根据试验结果,得到不同粒径的泥沙在不同初始密度、不同水流条件下的冲刷率。冲刷率是根据 Mehta 和 Partheniades 提出的指数型经验公式确定的:

$$E = E_0 \exp\left(\alpha \frac{\tau - \tau_c}{\tau_c}\right) \tag{4-12}$$

式中,E_0、α 为随沉积物结构而变的系数。

长江口北槽泥沙冲刷率的关系(图 4-31)如下:

细颗粒：

$$E = 7.5 \times 10^{-3} \exp\left[3.4\left(\frac{\tau - \tau_c}{\tau_c}\right)\right] \quad R^2 = 0.95 \qquad (4\text{-}13)$$

粗颗粒：

$$E = 3.0 \times 10^{-3} \exp\left[9.0\left(\frac{\tau - \tau_c}{\tau_c}\right)\right] \quad R^2 = 0.95 \qquad (4\text{-}14)$$

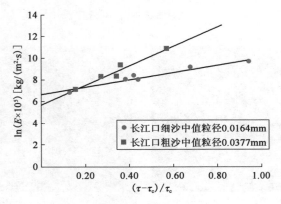

图 4-31　冲刷率与 $(\tau - \tau_c)/\tau_c$ 的关系

第5章 长江口北槽水沙盐时空分布特征

5.1 水动力场特征

1）流场分布特征

北槽河段受工程、地形边界条件约束,各垂线涨落潮流以往复流为主,涨落潮流向集中,位于北槽出口处 CS10 垂线的潮流具有旋转流特性(图 5-1)。

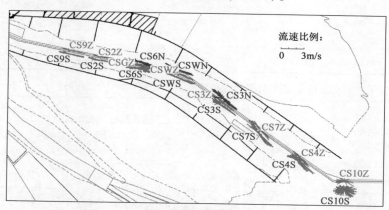

图 5-1 水文测验平面布置及流矢图(2012 年 8 月)

2）流速沿程分布特征

北槽涨潮流速沿程差异不大,但落潮流速沿程增大,北槽进口段较小,北槽中下段达到最大,口门附近快速减小;落潮流速大于涨潮流速;洪枯季流速沿程分布形态接近,落潮流速洪季大于枯季,涨潮流速枯季大于洪季;大潮沿程变幅大于小潮(表 5-1、表 5-2、图 5-2)。

2012 年 2、8 月南港北槽流速及优势流(垂线平均值) 表 5-1

垂线测点	潮况	2012 年 8 月(洪季)			2012 年 2 月(枯季)		
		涨潮平均流速 (m/s)	落潮平均流速 (m/s)	优势流 (%)	涨潮平均流速 (m/s)	落潮平均流速 (m/s)	优势流 (%)
CS9	大潮	0.68	1.29	77	0.88	1.17	65
	小潮	0.21	0.61	92	0.38	0.72	76
CS2	大潮	0.76	1.26	72	1.00	1.13	60
	小潮	0.21	0.65	94	0.44	0.72	69
CS6	大潮	0.82	1.35	71	0.90	1.05	63
	小潮	0.14	0.71	91	0.40	0.65	70
CSW	大潮	0.76	1.49	78	1.10	1.27	65
	小潮	0.24	0.71	84	0.43	0.62	70

续上表

垂线测点	潮况	2012年8月(洪季)			2012年2月(枯季)		
		涨潮平均流速(m/s)	落潮平均流速(m/s)	优势流(%)	涨潮平均流速(m/s)	落潮平均流速(m/s)	优势流(%)
CS3	大潮	0.64	1.43	79	0.97	1.17	63
	小潮	0.19	0.68	91	0.41	0.78	77
CS7	大潮	1.07	1.58	74	0.87	1.22	69
	小潮	0.22	0.62	81	0.29	0.51	79
CS4	大潮	0.84	1.54	71	0.93	1.22	64
	小潮	0.31	0.51	68	0.40	0.58	69
CS10	大潮	0.76	1.07	64	0.78	0.74	55
	小潮	0.53	0.58	53	0.62	0.49	38

2013年2、7月南港北槽流速及优势流(垂线平均值)　　　　表5-2

垂线测点	潮况	2013年7月(洪季)			2013年2月(枯季)		
		涨潮平均流速(m/s)	落潮平均流速(m/s)	优势流(%)	涨潮平均流速(m/s)	落潮平均流速(m/s)	优势流(%)
CS9	大潮	0.82	1.31	72	0.90	1.18	64
CS6	大潮	0.90	1.38	70	0.88	1.19	64
CSW	大潮	0.87	1.53	73	0.95	1.31	64
CS3	大潮	0.85	1.38	76	0.87	1.12	65
CS7	大潮	0.99	1.38	71	—	—	—
CS4	大潮	0.87	1.31	68	—	—	—
CS10	大潮	0.87	1.11	66	0.86	0.98	59

3）流速垂向分布特征

北槽进口段大小潮涨落潮流速垂线分布均为表层大于底层；北槽中下段大小潮落潮流速和大潮涨潮流速垂线分布同为表层大于底层，小潮涨潮流速底层大于表层；洪枯季流速垂向分布相似(图5-3)。

2012年洪季和2013年枯季北槽中下段近底水沙资料表明，北槽中下段流速垂线分布形式主要有两种，一种为"标准型"或称"对数分布型"，该类型流速垂线分布形式主要发生在涨落急大流速情况下，流速由表层向下基本上呈逐渐减小的趋势，流速符合对数流速分布公式；第二种为"马鞍形"或称"反S形"，该类型流速垂线分布形式主要发生在涨落憩流小流速情况下，流速由表层向下呈现两个"峰"，在两个"峰"中间出现流速最小值(图5-4)。发生该形式流速垂线分布时，整个垂线上形成了明显的垂线环流结构，上层水体落潮向下游，下层水体涨潮向上游,简单归纳为表落底涨。

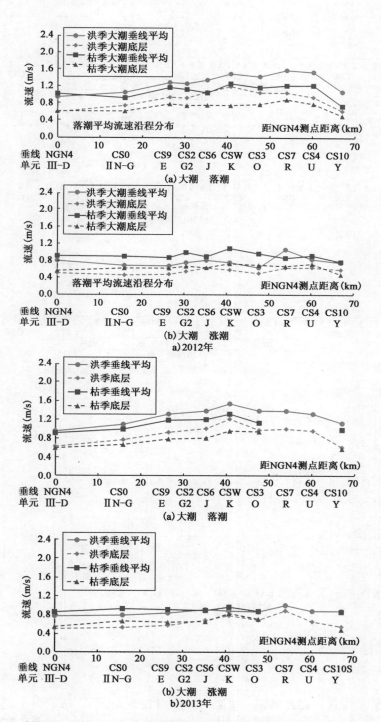

图 5-2　2012、2013 年洪、枯季垂线表底层与垂线平均潮平均流速分布

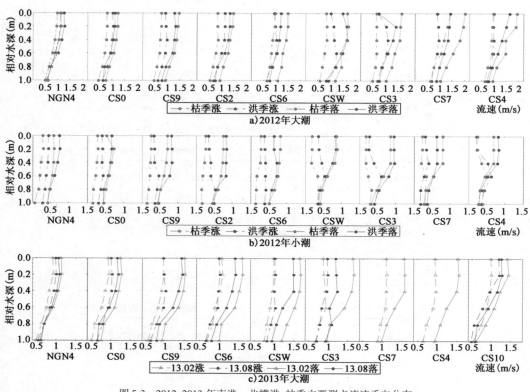

图 5-3　2012、2013 年南港—北槽洪、枯季主要测点流速垂向分布

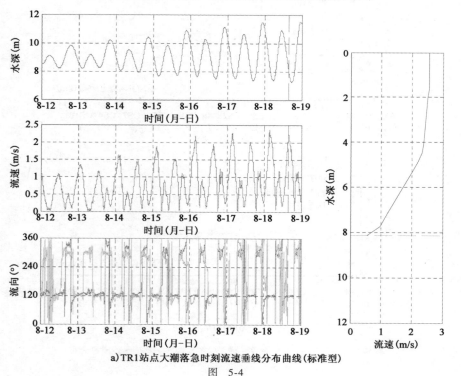

a)TR1站点大潮落急时刻流速垂线分布曲线(标准型)

图 5-4

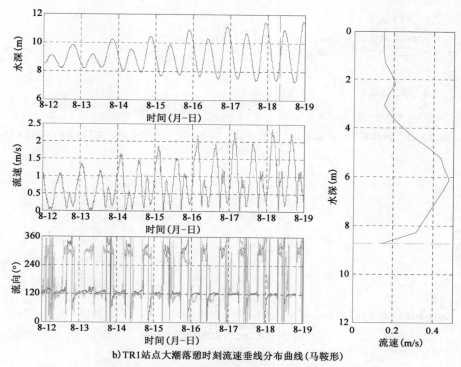

b)TR1站点大潮落憩时刻流速垂线分布曲线(马鞍形)

图 5-4　TR1 站点大潮落急、落憩时刻流速垂线分布曲线

2012 年洪季和 2013 年枯季北槽中下段近底水沙资料表明：①涨潮期间垂线上水流流速的差异明显小于落潮期间；②涨潮极值流速一般出现在垂线中上层，而落潮极值流速一般出现在表层；③除小潮部分时段，0.6 层流速过程与垂线平均流速过程基本一致；④小潮期间，航道南侧站点（TR1）表、底层动力过程的差异较小，而北侧站点（TR2）表、底层动力过程差异较大，主要表现为 TR2 站点小潮期间上层水体涨潮动力较弱或不见涨潮、落潮动力较强，但底层却为落潮动力较弱或不见落潮、涨潮，动力相对落潮较强（图 5-5）。

4）流速横向分布特征

2012 年固定垂线测点资料表明，在北槽中下段，流速横向分布常常表现出涨、落潮流路不一致的特征；在转流时出现南北水流异向。在洪季小潮期，北槽中段出现较长时段的交错流。水流南北异向时，动力条件弱，流态紊乱，有利于泥沙的淤积（图 5-6）。

5）落潮优势流

北槽沿程均呈落潮优势，洪季大于枯季，小潮大于大潮（表 5-1）；从余流的垂线分布来看，小潮时北槽中下段底层余流指向上游，此时，北槽中段附近出现上游余流向下、下游余流向上的滞流点。可见，北槽中下段纵剖面存在明显的垂向环流结构，尤其在小潮期近底层出现上游输水净向下、下游输水净向上的流态（图 5-7）。

6）低流速（$v < 0.5\mathrm{m/s}$）持续时间

受地形约束，长江口口外为旋转流，口门内各汊道为往复流，涨落潮往复流存在涨落急和涨落憩流速周期变化特征。这种动力条件下，长江口区存在明显的悬沙沉降落淤和再悬浮过程。悬沙落淤通常发生在底层水流速度小于临界淤积流速时段。

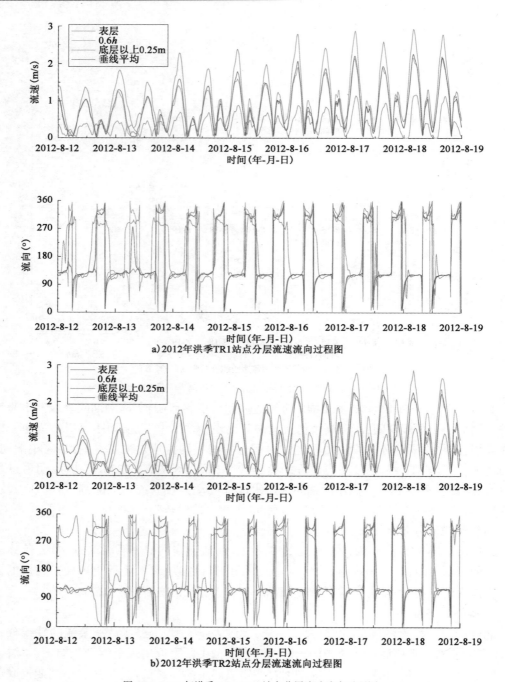

a) 2012年洪季TR1站点分层流速流向过程图

b) 2012年洪季TR2站点分层流速流向过程图

图5-5　2012年洪季 TR1、TR2 站点分层流速流向过程图

　　从典型时刻的近底层剪切应力过程线和河床滩面变化及流速过程线(图5-8)可知,长江口北槽内河床泥沙冲刷起动的临界应力值约 $0.2 \sim 0.4 N/m^2$,淤积临界流速(下文简称"低流速")取值 $0.5 m/s$。一般冲刷临界流速为淤积临界流速的 1.5 倍,因此冲刷临界流速(下文简称"高流速")取值 $0.75 m/s$。

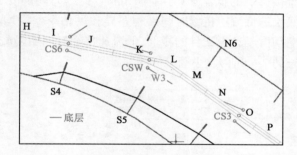

图 5-6　2012 年 8 月北槽中段主要测点的瞬时流场(小潮,垂线底层)

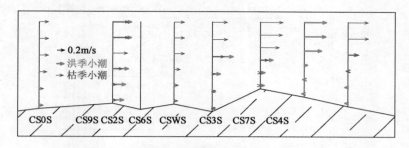

图 5-7　2012 年小潮期间各垂线余流分布(平行航道方向)

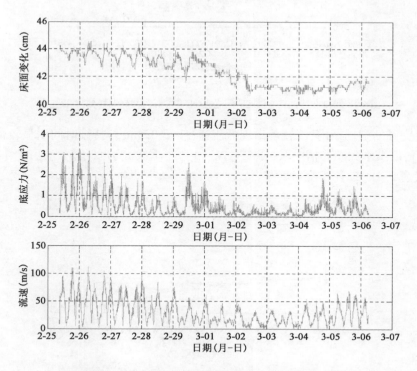

图 5-8　近底层剪切应力过程线和河床滩面变化及流速过程线

　　从对悬沙落淤有直接影响的低流速(小于0.5m/s)持续时间的变化看,2012年和2013年南港—北槽各测点底层的低流速持续时间沿程差异和洪枯季差异均不大(图5-9)。但从大、小潮对比来看,小潮期由于动力条件的减弱,低流速持续时间明显较长,在一个完整的潮周期内平均较大潮期长约7~8h,大、小潮差异明显。

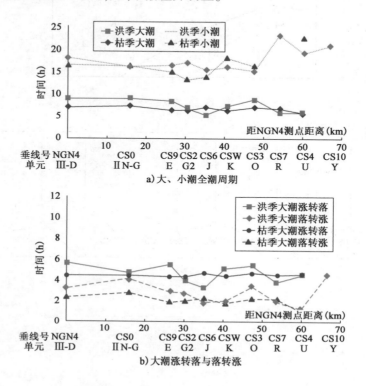

图5-9　2012年南港—北槽底层低流速(小于0.5m/s)持续时间的沿程变化

　　在一个完整的潮周期内,涨转落出现低流速(小于0.5m/s)持续时间明显较落转涨时段长(图5-10),以洪季大潮北槽中段(CS6、CSW和CS3垂线)为例,涨转落历时约4.2h,而落转涨历时仅为2.2h,二者相差一倍左右。

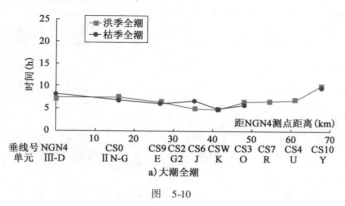

图　5-10

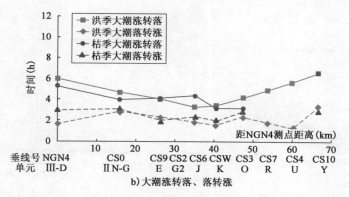

b) 大潮涨转落、落转涨

图 5-10　2013 年南港—北槽底层低流速(小于 0.5m/s)持续时间的沿程变化

7) 近底紊动动能与流速、含沙量的关系

分析北槽近底水沙观测资料,得到紊动动能与流速、含沙量的关系如下:

(1) 紊动动能与垂线平均流速的关系不明显,而与近底流速的相关性很好,紊动动能随近底随流速的增大而增大(图 5-11)。

(2) 紊动动能与含沙量的相关性不明显,但是存在较为明显的两类关系。一是在低含沙量区间(小于 1~2kg/m³),紊动动能随含沙量的增大而增大;二是在较高含沙量区间(一般大于 1~2kg/m³),紊动动能随含沙量的增大而减小。这一现象与国内外已有研究关于"泥沙制紊"的观点一致(图 5-11)。

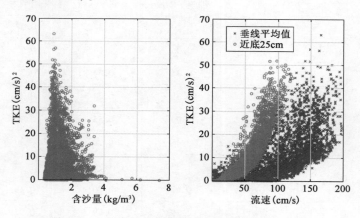

图 5-11　T1 站点 TKE 与含沙量、流速关系(2013 年 2 月)

8) 近底紊动动能与流速、含沙量的关系

北槽近底水沙资料表明:

(1) 近底剪切应力和近底流速的对应关系较好,剪切应力随近底流速的增大而增大、减小而减小,两者的相关系数 R^2 为 0.77~0.87,平均为 0.84(北槽 3 次近底水沙观测)(图 5-12)。

(2) 近底剪切应力和含沙量没有单一的对应关系,但是存在两类较为明显的对应关系。第一类是在较低含沙量条件下(0.5~2kg/m³),含沙量和剪切应力为正相关关系,即剪切应力随含沙量增加而增大;第二类对应关系是在较高含沙量条件下(大于 2kg/m³),随剪切应力的减小,对应的含沙量增加,表现为含沙量和剪切应力的负相关关系(图5-13)。

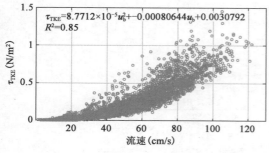

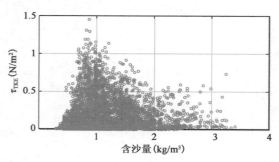

图5-12　T1站点(2012年2月)剪切应力与流速关系　　图5-13　T1站点剪切应力与含沙量关系(2012年2月)

5.2　含沙量场特征

1)沿程分布特征

河口区含沙量分布具有最大浑浊带水域含沙量大、口内和口外含沙量小的"中间大、上下游小"的特征,底层含沙量分布更加明显。具体表现为口外段含沙量最小,北槽进口段略大,北槽中下段最大浑浊带水域含沙量大(表5-3、表5-4)。

2012年2月和8月南港北槽含沙量统计(kg/m³)　　　　　　　　　表5-3

位置	垂线测点	潮况	2012年8月(洪季)		2012年2月(枯季)	
			涨潮平均值	落潮平均值	涨潮平均值	落潮平均值
北槽上段	CS9	大潮	0.29	0.37	0.58	0.45
		小潮	0.05	0.13	0.25	0.14
	CS2	大潮	0.35	0.44	0.73	0.48
		小潮	0.38	0.24	0.29	0.12
北槽中段	CS6	大潮	1.09	0.55	0.92	0.54
		小潮	0.46	0.20	0.30	0.18
	CSW	大潮	1.33	1.15	1.09	0.87
		小潮	0.68	0.20	0.46	0.22
	CS3	大潮	1.39	0.79	0.97	0.99
		小潮	0.25	0.13	0.39	0.18
北槽下段	CS7	大潮	1.26	1.31	0.60	0.58
		小潮	0.21	0.10	0.23	0.22
	CS4	大潮	0.39	0.77	0.58	0.65
		小潮	0.24	0.09	0.41	0.17
北槽口外	CS10	大潮	0.56	0.30	0.46	0.45
		小潮	0.11	0.05	0.22	0.15

2013 年 2 月和 7 月南港北槽含沙量统计（kg/m³）　表 5-4

位置	垂线测点	潮况	2013 年 7 月（洪季）		2013 年 2 月（枯季）	
			涨潮平均值	落潮平均值	涨潮平均值	落潮平均值
北槽上段	CS9	大潮	0.85	0.57	0.68	0.50
北槽中段	CS6	大潮	2.18	0.70	0.92	0.57
	CSW	大潮	2.04	1.36	0.95	0.68
	CS3	大潮	1.89	1.19	1.18	1.02
北槽下段	CS7	大潮	1.00	0.93	—	—
	CS4	大潮	0.37	0.67	—	—
北槽口外	CS10	大潮	0.58	0.58	0.37	0.48

2）垂线分布特征

　　含沙量沿垂向变化呈表层小、底层大的分布态势（图 5-14、图 5-15）。北槽进口段含沙量垂向变化小，垂线分布相对均匀，而北槽中下段含沙量沿垂向变化大，垂线分布很不均匀，尤其是北槽中段几条垂线测点（CS6S～CS7S 垂线）。上述特征洪季比枯季更加明显。

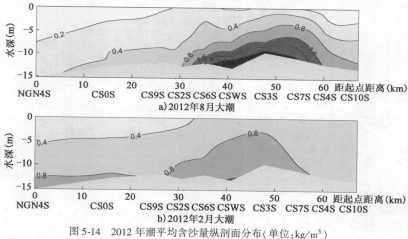

图 5-14　2012 年潮平均含沙量纵剖面分布（单位：kg/m³）

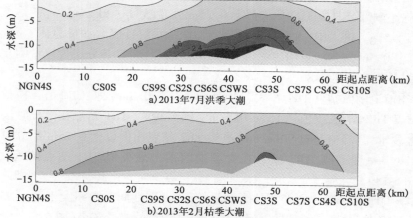

图 5-15　2013 年潮平均含沙量纵剖面分布（单位：kg/m³）

3）最大浑浊带特征

最大浑浊带位于北槽中段，其含沙量为洪季大于枯季，涨潮大于落潮；北槽中段含沙量大潮大、小潮小（表5-3、表5-4）；最大浑浊带分布位置洪季较枯季略偏下游（图5-16）。

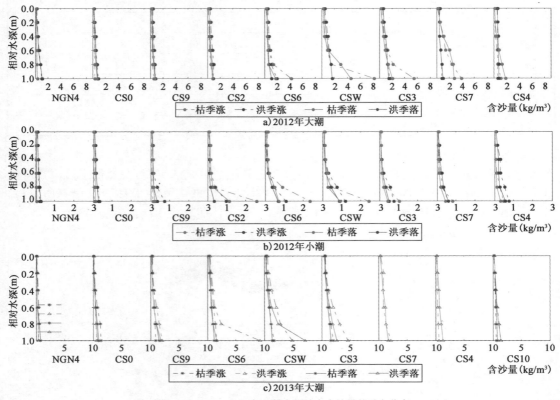

图5-16　2012—2013年北槽主要站点含沙量的垂向分布

4）近底泥沙特征

北槽近底含沙量观测结果表明：

（1）洪季小潮期间，北槽下段航道南北两站点近底各分层含沙量的差异明显小于中潮、大潮期间，除小潮部分时段TR2床面以上0.25m处含沙量达8kg/m³外，各站小潮期间近底含沙量均小于5kg。进入中、大潮后，由于水动力的增强，近底含沙量总体上呈增加的趋势，两站床面以上0.5m层含沙量均达到了10~20kg/m³以上，且各分层含沙量的差异较小潮期间明显增大（图5-17、图5-18）。

（2）洪季航道南侧站点TR1在大潮期间床面以上0.5m层面的峰值含沙量均显著大于航道北侧站点TR2站点，差值达15~20kg/m³（图5-19）。TR1站点在部分时段观测到了极高的近底含沙量，其峰值超过90kg/m³（虽然TR2站点床面以上0.25m部分时间段数据无效，但根据声学原理推测，TR2站点在大潮期间未出现类似TR1站点的近底高含沙量）（图5-17、图5-18）。

（3）枯季TR1和TR2两站点近底含沙量较低，大潮期间通常不大于1~1.5kg/m³，明显小于洪季的近底含沙量水平，且枯季近底各分层含沙量的差异较小（图5-17、图5-20）。

（4）2012 年洪季大潮期间，TR1 站点在部分时段观测到了极高的近底含沙量，其峰值超过 90kg/m³，这种现象在枯季观测中并未出现。

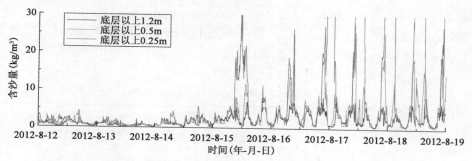

图 5-17　2012 年洪季 TR1 站点分层含沙量过程图

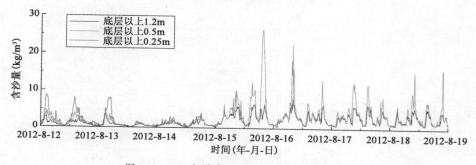

图 5-18　2012 年洪季 TR2 站点分层含沙量过程图

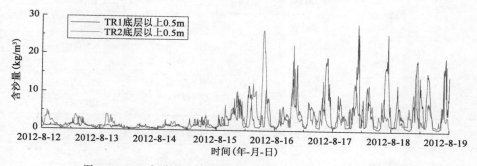

图 5-19　2012 年洪季 TR1、TR2 站点床面以上 0.5m 层含沙量过程图

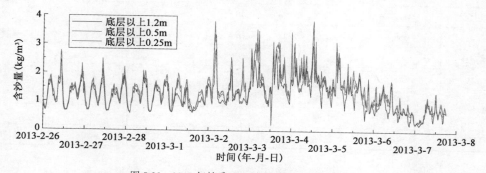

图 5-20　2013 年枯季 TR1 站点分层含沙量过程图

5.3 盐度场特征

1）纵向分布特征

长江口盐度自口外向口内沿程减小，洪季盐度小于枯季。北槽进口段枯季盐度基本在3‰以内，洪季则基本不受外海盐水的影响（盐度小于0.5‰）；北槽中段洪枯季基本都处于7‰~12‰最佳絮凝盐度摆动范围（表5-5、表5-6）。

2012 年 2 月和 8 月盐度特征值统计（‰）　　　　　表 5-5

位置	垂线测点	潮况	2012 年 8 月（洪季）		2012 年 2 月（枯季）	
			涨潮平均值	落潮平均值	涨潮平均值	落潮平均值
北槽上段	CS9	大潮	0.25	0.31	5.50	4.93
		小潮	0.12	0.25	3.49	2.93
	CS2	大潮	0.11	0.61	7.27	5.95
		小潮	0.99	1.47	6.82	3.93
北槽中段	CS6	大潮	1.44	0.77	8.29	7.17
		小潮	5.04	2.20	6.22	5.24
	CSW	大潮	2.34	3.03	11.91	12.13
		小潮	7.58	6.56	10.42	10.44
	CS3	大潮	3.79	5.00	14.60	13.83
		小潮	6.00	7.90	10.75	11.20
北槽下段	CS7	大潮	9.68	8.63	19.85	15.77
		小潮	14.32	11.97	13.86	14.51
	CS4	大潮	15.72	11.99	19.31	16.77
		小潮	13.94	13.69	14.75	15.97
北槽口外	CS10	大潮	15.15	18.47	24.00	25.00
		小潮	20.04	18.54	20.58	18.59

2013 年 2 月和 7 月盐度特征值统计（‰）　　　　　表 5-6

位置	垂线测点	潮况	2013 年 7 月（洪季）		2013 年 2 月（枯季）	
			涨潮平均值	落潮平均值	涨潮平均值	落潮平均值
北槽上段	CS9	大潮	1.48	2.15	4.15	3.78
北槽中段	CS6	大潮	7.78	6.06	7.42	6.39
	CSW	大潮	—	—		
	CS3	大潮	9.87	10.58	13.44	14.23
北槽下段	CS7	大潮	18.54	15.19	—	—
	CS4	大潮	21.56	18.00	—	—
北槽口外	CS10	大潮	22.85	22.27	24.48	22.73

2）垂线分布特征

盐度沿垂向分布表层小、底层大（图5-21）；北槽内盐度垂向差异大；北槽存在盐水楔，洪季较枯季明显,小潮较大潮明显。以 12‰ 盐度锋面计算,小潮盐水楔较大潮上提 15km 左右。

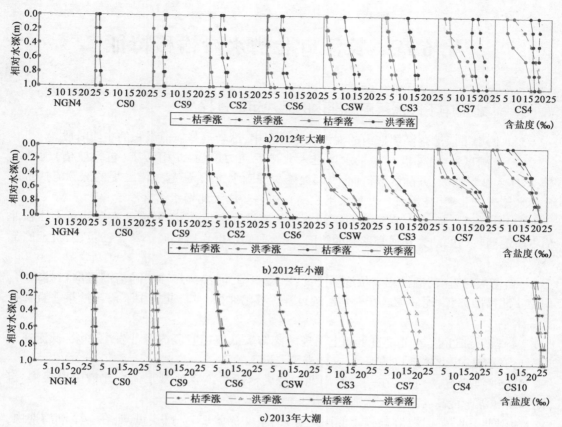

图 5-21　2012—2013 年洪枯季大、小潮北槽含盐度垂线分布对比

第6章　长江口北槽水沙输移特征

6.1　北槽中下段涨落潮周期内的泥沙运动过程

在北槽中下段涨落潮周期内的泥沙动力过程中,涨转落是航道淤积的主要时段。

(1)涨潮过程:口外低含沙量水体进入北槽后动力增强,北槽河床(包括航槽)泥沙起悬,水体含沙量增大,并随涨潮流向上输移;随着涨潮水位抬高,越过南导堤的涨潮流挟带高含沙水体进入北槽(越堤流含沙量大于北槽),进一步增大北槽水体含沙量。

(2)涨转落过程:涨转落憩流自下而上在北槽沿程出现,逐渐形成的高含沙量水体在北槽中段遭遇较弱的动力和适宜絮凝的盐度,泥沙向底层聚集形成底部高含沙量层,且近底部分泥沙落淤。

(3)落潮过程:落潮过程潮位逐渐降低,主流归槽,泥沙再悬浮后随落潮流向口外输移;但由于北槽距离长,泥沙无法在一个落潮过程输移出北槽下口,北槽中下段含沙量一直保持较高水平。

(4)落转涨过程:在北槽自下而上出现的落转涨低流速时段内悬沙发生落淤;低流速时段过后,没有输出北槽下口的泥沙,又随涨潮流向上输移。

涨转落与落转涨对比,在一个潮周期内涨转落阶段高含沙量水体在北槽中段聚集、沉降;而落转涨阶段高含沙量水体则主要在北槽下段聚集、沉降。

利用洪季北槽大潮期(航道南侧固定点)的水文测验资料分析,可知,在一个潮周期内,涨潮高流速阶段北槽中段近底层会形成高浊度的水体,为此后的涨转落持续时间较长的低流速阶段提供了低流速期含沙量,此时,北槽中段水体近底层含沙量最高,低流速持续的时间又长,最易于航道淤积。而落潮高流速阶段水体含沙量明显低于涨潮高流速阶段的水体含沙量,随后的落转涨低流速的持续时间又较短,因此,落转涨阶段的航道淤积远不如涨转落阶段明显。

6.2　北槽最大浑浊带区域含沙量变化

北槽含沙量纵向变化(表5-3、表5-4)表明,在一个潮周期内,北槽水体含沙量,尤其是近底最大浑浊带(高含沙量区)存在着明显的涨潮向上输移,落潮向下输移的变化过程。总体来看,最大浑浊带主要位于北槽中下段,即 CS2 测点(G2 单元)与 CS4(U 单元)之间,与北槽航道的主要回淤区段基本一致。

现场近底定点的观测结果表明,在一个潮周期过程内,北槽存在明显的河床冲淤及含沙量高低的变化过程。因此,含沙量的变化,尤其是近底含沙量的变化,可一定程度上反映河床与航道的冲淤变化。

6.3 涨落潮动力过程床面冲淤特征

北槽床面的冲刷阶段发生在涨落潮过程中流速加速阶段,床面的淤积阶段发生在涨落潮过程中的流速减速阶段及涨落潮加速阶段中近底水流切应力小于临界冲刷应力阶段。从冲淤幅度或强度来看,主要的冲刷过程发生在落潮的加速阶段,主要淤积过程发生在涨潮的减速阶段(在涨潮加速阶段末期或一开始进入减速阶段即开始发生淤积),而在涨潮的加速阶段,床面稍有冲刷,但冲刷幅度不大,同样在落潮的减速阶段,床面发生淤积,但淤积幅度同样不大(图6-1)。

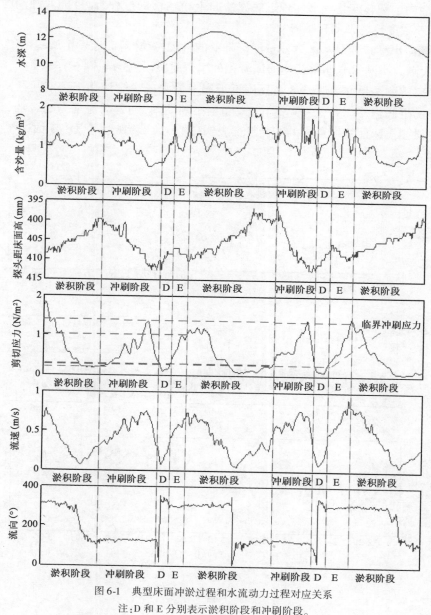

图6-1 典型床面冲淤过程和水流动力过程对应关系

注:D 和 E 分别表示淤积阶段和冲刷阶段。

6.4 大潮至小潮过程床面冲淤特征

由大潮向小潮转变的动力过程更加有利于泥沙落淤。

（1）大潮向小潮转变是近底水流动力逐渐减弱、低流速时段逐渐增加的过程，此阶段有利于泥沙落淤；

（2）大潮向小潮转变是盐度分层逐渐加剧的过程，盐度分层加剧有利于泥沙聚集在底层；

（3）大潮向小潮转变是逐渐出现近底泥沙向上净输移的过程，而且随着潮动力的减弱，小潮期的含沙浓度也随即明显下降；

（4）大潮向小潮转变是水体含沙量逐渐降低的过程，意味着河床发生淤积。

因此，大潮向小潮转变期是北槽河床淤积的主要时段（图5-14、图5-15）。

多次坐底观测结果亦表明，W3弯段附近近底净输水或净输沙在小潮期间指向上游（小潮区间向下的近底输移能力大大降低）。大潮至小潮期间，随着潮流动力的减弱，近底河床相应地发生淤积。床面潮周期内的冲淤特征表明（图6-2），宏观上可以将床面冲淤变化过程分为三阶段：

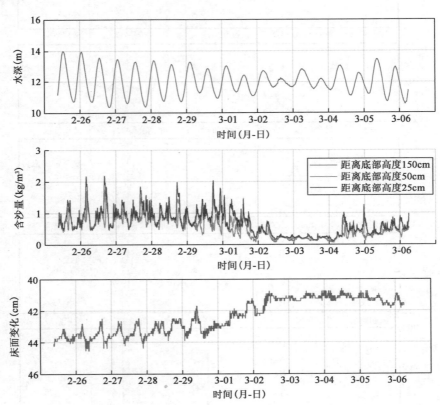

图 6-2

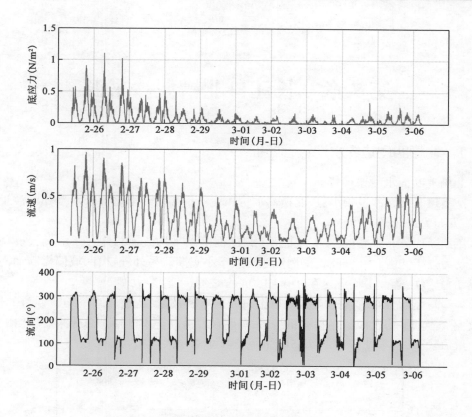

图 6-2 T3 站点水深、含沙量、床面波动和动力过程

第一阶段为冲淤幅度较大的冲淤平衡阶段。该阶段的冲淤幅度约为 1.5 cm，主要发生在大潮、中潮期间；

第二阶段为快速淤积阶段。该阶段涨落过程中冲少淤多，致使床面发生持续淤积，到下一阶段前，床面累积淤积约 2 cm，发生在小潮期间；

第三阶段为冲淤幅度较小的冲淤平衡阶段。该阶段的床面冲淤幅度约为 0.4 cm，发生在小潮至接下来的中潮阶段。

第7章 长江口北槽泥沙来源

7.1 北槽四侧边界水沙输移特征

1) 北槽上断面水沙输移特征

北槽上口断面含沙量较小,进北槽输水量和输沙量均大于出北槽输水量和输沙量,净输水、输沙方向为进北槽。

从流速断面分布来看(图7-1),北槽上口断面落潮平均流速总体大于涨潮,且南侧边滩的落潮动力强于北侧,大潮期涨、落潮流速均大于小潮期。另外,航槽区域偏靠断面南侧,其落潮流动力较强,落潮平均流速在0.6~1.0m/s之间(小潮~大潮)。

从含沙量断面分布看(图7-1),北槽上口断面航槽及南、北边滩潮平均含沙量的横向差异不大,涨、落潮平均含沙量亦基本相当,大潮期含沙量高于小潮期。总体来看,北槽上口断面含沙量值较小,基本处于0.2~0.5kg/m³范围(小潮~大潮)。

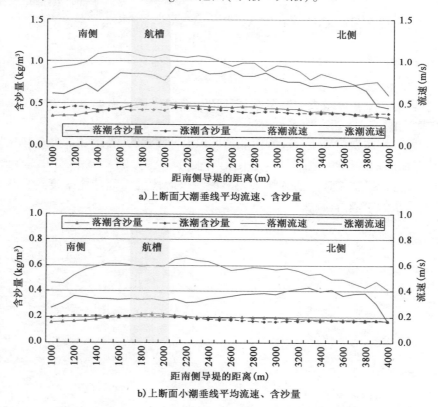

a) 上断面大潮垂线平均流速、含沙量

b) 上断面小潮垂线平均流速、含沙量

图7-1 2012年9月北槽上口断面流速和含沙量分布(大、小潮)

从单宽潮量和输沙量断面分布看(图7-2、图7-3),北槽上口断面的单宽潮量和单宽输沙量表现为落潮期大于涨潮期,大潮期大于小潮期。

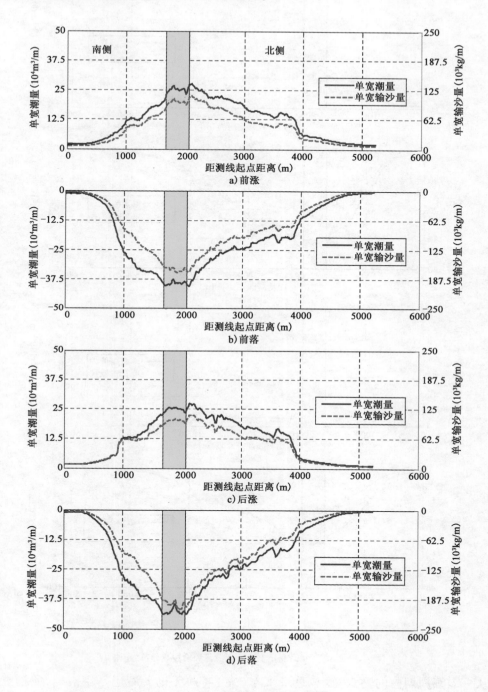

图 7-2　2012 年 9 月北槽上口断面潮量和输沙量分布(大潮)

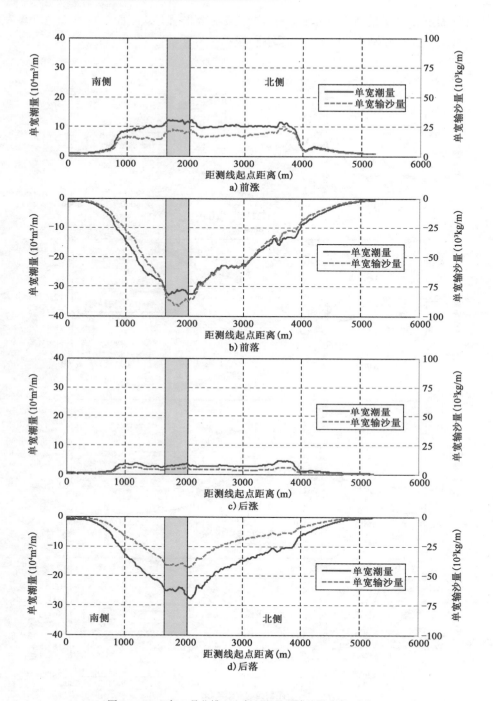

图 7-3 2012 年 9 月北槽上口断面潮量和输沙量分布(小潮)

从一个潮周期内的输水、输沙总量来看(表 7-1),无论大潮还是小潮期,北槽上口断面落潮进北槽的输水输沙量均大于涨潮出北槽的输水输沙量,总体净输水输沙均表现为进北槽。

2012 年 9 月北槽上、下口断面潮量和泥沙通量成果表　　表 7-1

潮时(9 月)	北槽上口		北槽下口		净潮量($10^4 m^3$)	沙量($10^4 t$)
	潮量($10^4 m^3$)	沙量($10^4 t$)	潮量($10^4 m^3$)	沙量($10^4 t$)		
大　　潮						
涨潮	-125988.44	-49.29	220435.07	219.30	94446.63	170.01
落潮	195220.17	77.71	-344056.28	-486.14	-148836.11	-408.43
全潮	69231.73	28.42	-123621.21	-266.84	-54389.48	-238.42
中　　潮						
涨潮	-114773.25	-48.71	211203.41	128.85	96430.16	80.14
落潮	183200.73	85.61	-292754.87	-214.83	-109554.14	-129.21
全潮	68427.49	36.90	-81551.46	-85.97	-13123.97	-49.07
小　　潮						
涨潮	-45927.47	-7.82	73923.71	33.07	27996.24	25.26
落潮	137021.09	26.90	-176359.22	-21.57	-39338.13	5.33
全潮	91093.62	19.08	-102435.50	11.50	-11341.89	30.58

注:净潮量或净沙量中,正值表示进入北槽,负值表示离开北槽。

从洪、枯季对比来看(图 7-4),洪季主槽落潮潮量大于枯季,而涨潮潮量则略小于枯季。在单宽输沙量方面,枯季的涨、落潮单宽输沙量基本相当,且均较洪季大。而洪季的涨、落潮单宽输沙量则明显较枯季小,尤其涨潮减幅最为明显。

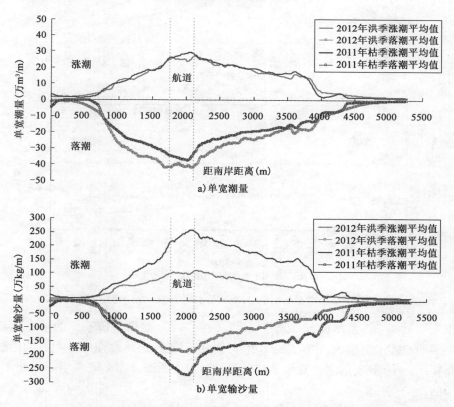

图 7-4　北槽上口断面单宽潮量和输沙量的洪枯季对比(大潮期)

2）北槽下口断面水沙输移特征

北槽下口断面含沙量较大，出北槽输水量和输沙量总体上均大于进北槽输水量和输沙量（小潮出沙量小于进沙量），净输水、输沙方向总体为出北槽（小潮净输沙量为进北槽）。

从流速断面分布来看（图7-5），北槽下口断面落潮流速总体大于涨潮，大潮期潮流速大于小潮期。涨落潮断面流速分布总体呈南大北小态势，航槽区域基本处于该断面中间，其落潮平均流速（小潮～大潮）在0.5～1.4m/s之间。

从含沙量断面分布来看（图7-5），北槽下口断面含沙量分布总体呈航槽大、两侧小态势，航槽区域最大含沙量可高达近4.0kg/m³。含沙量值呈大潮大、小潮小的特征。大潮期，落潮平均含沙量明显大于涨潮，且航道南侧较航道北侧大；而小潮期，落潮平均含沙量则小于涨潮，含沙量值大多仅在0.1～0.5kg/m³之间，断面分布呈明显的南大、北小的态势。

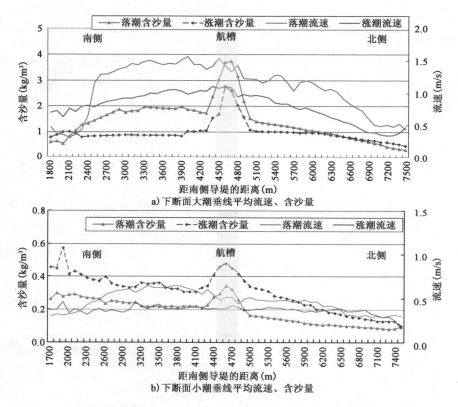

图7-5　2012年9月北槽下口断面流速和含沙量分布（大潮、小潮）

从单宽潮量和输沙量断面分布来看（图7-6、图7-7），北槽下口断面的单宽潮量和单宽输沙量涨潮期总体呈航槽大、两侧边滩小的对称分布特征，但落潮期则呈明显的沿航道南侧下泄分布特征。小潮期，落潮单宽潮量和单宽输沙量的断面分布则表现为南大北小、南边滩大于航槽的特点。

北槽下口断面的单宽潮量和单宽输沙量涨潮期主要沿主槽向上输送（断面分布总体呈

航槽大、两侧边滩小的对称分布），落潮期基本沿航道南侧下泄。在量值上，表现为落潮期大于涨潮期，大潮期大于小潮期。

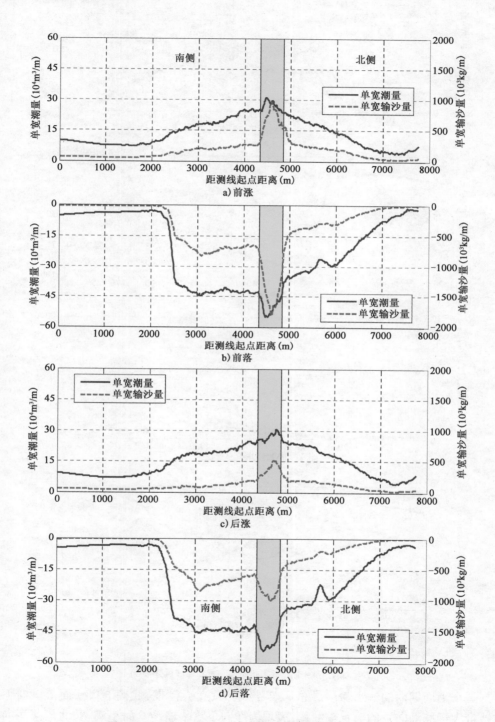

图 7-6　2012 年 9 月北槽下口断面潮量和输沙量分布（大潮）

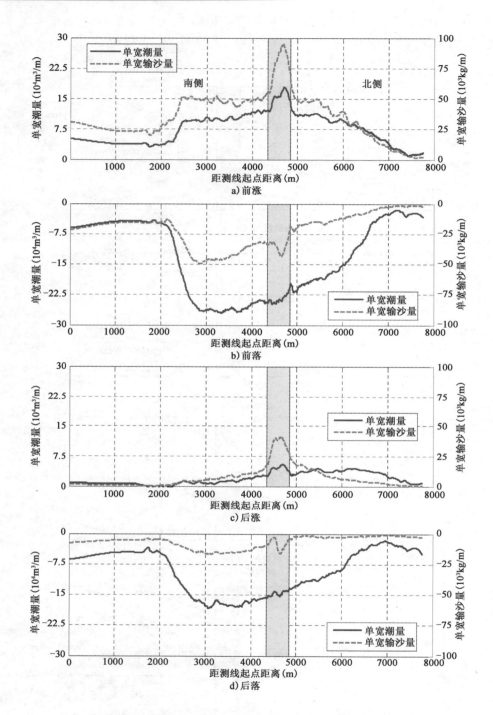

图 7-7 2012 年 9 月北槽下口断面潮量和输沙量分布(小潮)

从一个潮周期内的输水输沙量总量来看(表 7-1),大潮期,北槽下口断面落潮向下的输水输沙量大于涨潮向上的输水输沙量,表现为净向下输水输沙。而小潮期,北槽落潮向下的输水量大于涨潮向上的输水量,仍呈净向下输水,但输沙量却表现为涨潮大于落潮,呈净向上(北槽)输沙的态势。

北槽上、下口断面水沙输移量对比可知(表 7-1),北槽下口断面水沙输移量明显大于北槽上口断面。

从洪、枯季对比来看(图 7-8),北槽下口洪季涨落潮单宽潮量总体较枯季大,尤其是落潮期的航道及其南侧潮量增加最为明显。而在单宽输沙量方面,洪季的涨、落潮单宽输沙量亦均比枯季明显大,尤其在涨潮期的航槽内和落潮期的航槽及南边滩区域,输沙量增幅最大。

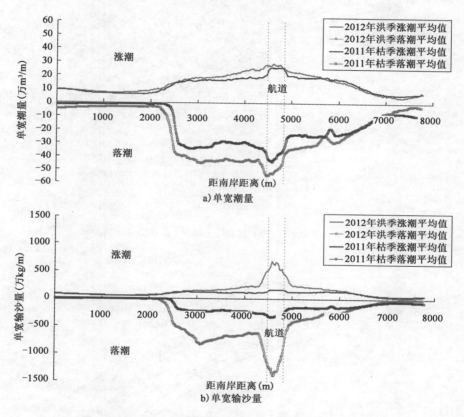

图 7-8　北槽下口断面单宽潮量和输沙量的洪枯季对比(大潮期)

3)南导堤水沙输移特征

越过南导堤的输水输沙方向以进北槽为主,出北槽的水量沙量很少,净输水输沙方向为进北槽;越堤水沙主要集中在南导堤中下段;越堤进入北槽的沙量具有洪季多、枯季少,大潮多、小潮少的特征。

根据南导堤沿程 10 个测点的水沙观测结果(图 7-9、图 7-10),南导堤越堤水沙主要集中在南导堤中下段。从大潮期越堤水体含沙量来看,位于南导堤中段的 C4、C5 测点最大,而越堤水体单宽输沙量则为 S6 ~ S7 丁坝之间的 C6 测点最大。

潮差越大,越堤水体含沙量就越高;越堤进入北槽的输沙量呈大潮多、小潮少,洪季多、枯季少的特征(图 7-11、图 7-12、图 7-13)。

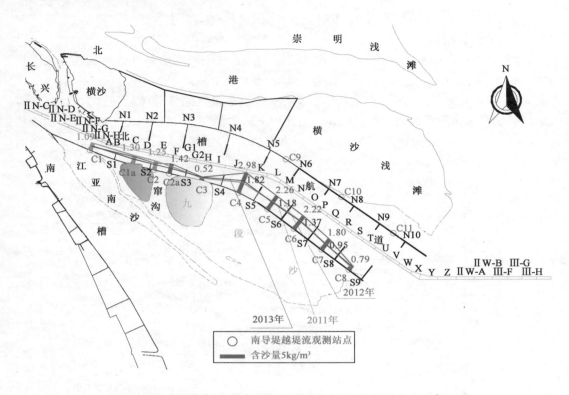

图7-9　各年洪季大潮期南导堤越堤潮平均含沙量分布(单位:kg/m³)

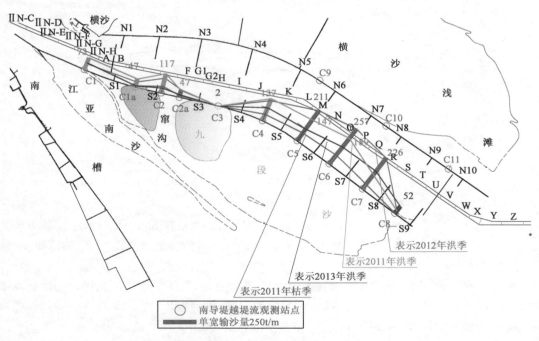

图7-10　各年洪季大潮南导堤沿程的单宽进沙量分布(单位:t/m)

图 7-11　2012 年洪季南导堤、北槽上口和北槽下口涨潮平均含沙量

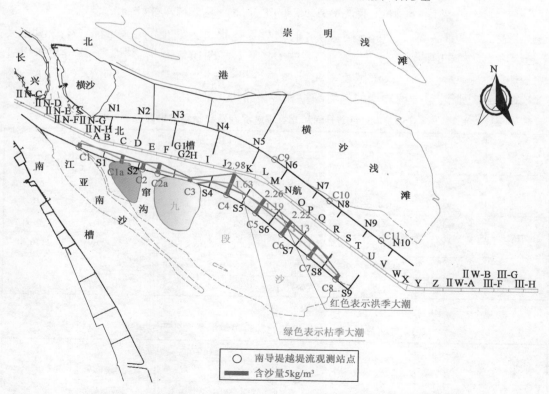

图 7-12　2012 年 9 月(洪季)和 2011 年 3 月(枯季)南导堤越堤平均含沙量对比

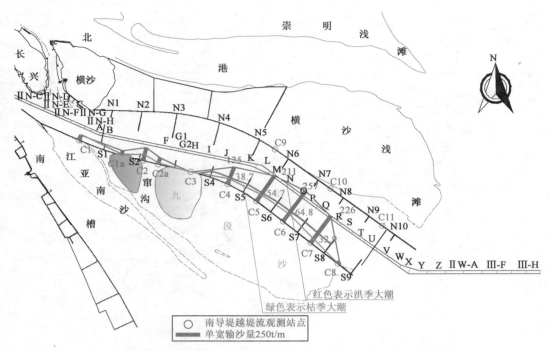

图 7-13　2012 年 9 月(洪季)和 2011 年 3 月(枯季)南导堤越堤单宽输沙量对比

由表 7-2、表 7-3 可知,大潮到小潮期间,南导堤越堤进入北槽的水体潮量($Q_入$)明显大于越堤输出北槽的潮量($Q_出$),计算结果表明 $Q_入$ 是 $Q_出$ 的 10~30 倍;同样地,南导堤越堤进入北槽的沙量($Qs_入$)也远大于越堤输出北槽的沙量($Qs_出$),计算结果表明 $Qs_入$ 是 $Qs_出$ 的 15~105 倍。因此,整个南导堤的越堤潮量和沙量净进入北槽。

2012 年 9 月南导堤和北导堤越堤潮量和沙量成果表　　　　表 7-2

潮型	南、北导堤	潮量($10^4 m^3$)		沙量($10^4 t$)		$Q_净$ ($10^4 m^3$)	$Qs_净$ ($10^4 t$)
		$Q_入$	$Q_出$	$Qs_入$	$Qs_出$		
大潮	南导堤	184798.8	-10529.3	396.7	-11.3	174269.5	385.4
	北导堤	6184.2	-122512.0	7.3	-185.9	-116327.8	-178.5
中潮	南导堤	163447.6	-8013.4	201.1	-4.9	155434.2	196.2
	北导堤	4125.8	-117424.8	1.9	-118.3	-113299.0	-116.4
小潮	南导堤	69627.4	-2243.5	23.6	-0.3	67383.9	23.3
	北导堤	2723.1	-51066.7	0.5	-18.6	-48343.5	-18.1

注:净潮量或净沙量中,正值表示进入北槽,负值表示离开北槽。

2013 年 9 月(洪季)南导堤和北导堤越堤潮量和沙量成果表　　　　表 7-3

潮型	南、北导堤	潮量($10^4 m^3$)		沙量($10^4 t$)		$Q_净$ ($10^4 m^3$)	$Qs_净$ ($10^4 t$)
		$Q_入$	$Q_出$	$Qs_入$	$Qs_出$		
大潮	南导堤	166504.2	-9249.7	254.3	-7.2	157254.5	247.0
	北导堤	18431.7	-137261.7	10.6	-160.8	-118830.0	-150.2

续上表

潮型	南、北导堤	潮量($10^4 m^3$)		沙量($10^4 t$)		$Q_净$ ($10^4 m^3$)	$Qs_净$ ($10^4 t$)
		$Q_入$	$Q_出$	$Qs_入$	$Qs_出$		
中潮	南导堤	122375.1	-3947.0	129.5	-1.2	118428.1	128.3
	北导堤	10337.3	-108081.7	3.6	-62.0	-97744.4	-58.4
小潮	南导堤	69005.7	-8961.7	19.4	-1.5	60044.0	17.9
	北导堤	22680.4	-71505.5	3.9	-15.8	-48825.1	-11.9

注:净潮量或净沙量中,正值表示进入北槽,负值表示离开北槽。

从现场观测来看(图 7-14),南导堤越堤水体含沙量大于北槽表层水体含沙量。从时间过程来看,南导堤的越堤水体主要在涨潮后期进入南坝田。由于涨潮后期流速减小,之后还会经历较长时间的涨转落憩流期,在此期间越堤泥沙将会输移、沉降,由此会增大北槽水体含沙量,尤其是北槽中段水体的背景含沙量。

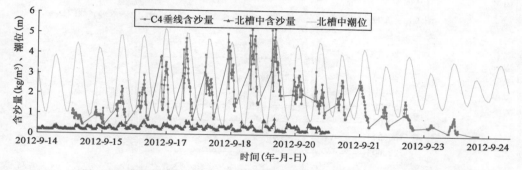

图 7-14　2012 年 9 月南导堤 C4 测点越堤含沙量与北槽中表层含沙量过程对比

根据 2011 年 3 月(枯季)和 2012 年 9 月(洪季)北槽水沙通量观测成果,洪季较枯季各边界的输水输沙量明显增大。南导堤越堤进入北槽的潮量和沙量洪季均要明显大于枯季,分别是枯季的 2.1 倍和 3.8 倍(大、中、小潮平均)(图 7-12、图 7-13)。

4)北导堤水沙输移特征

越过北导堤的输水输沙以方向出北槽为主,进北槽的水量沙量很少,净输水输沙方向为输出北槽;越堤输出北槽的沙量呈现大潮多、小潮少的特征。

北导堤中下段区域(N5~N10 丁坝之间)布置的观测站点有 C9、C10 和 C11。由图 7-15可知,该区域中段(N7~N8)流速最大,下段(N8~N10)次之,上段(N5~N7)最小。中段大潮期间的最大流速为 2.62 m/s,潮周期平均流速为 1.78 m/s。N5~N7 区间大潮最大流速为 1.94 m/s,潮周期平均流速为 1.27 m/s。

由图 7-15 可知,北导堤越堤含沙量从 C9 站点(N5、N6)往外(向东)含沙量逐渐降低。北导堤三站点大潮期潮平均含沙量为 0.62~2.09 kg/m³,最大含沙量出现在最上游的 C9站点。

由图 7-16 可知,北导堤中下段区域三个测点的涨落潮水量净输出北槽。和越堤潮量输移特征相似,北导堤越堤输入北槽的沙量远小于输出北槽的沙量,因此北导堤各站点的单宽净输沙量均表现为输出北槽。

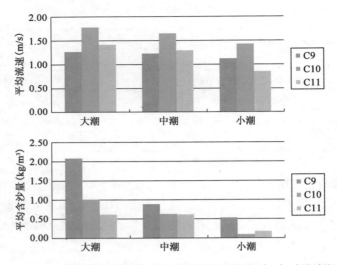

图7-15　2012年9月北导堤各站点的越堤流速和含沙量(大、中、小潮涨潮)

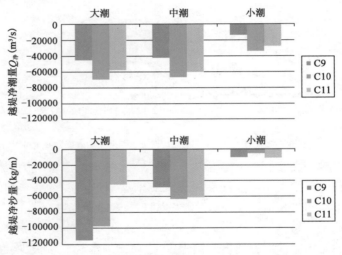

图7-16　2012年9月北导堤各站点越堤水沙通量分布(大、中、小潮)
注:负号表示水沙向北槽外输运。

7.2　北槽泥沙来源

南导堤越沙是洪季北槽的重要泥沙来源,对北槽高浓度含沙量场有一定贡献。

(1)北槽四边界均存在明显的水沙交换,北槽各边界水沙交换呈大潮强于小潮、洪季明显强于枯季(除北槽上口)的特征;南导堤越堤进沙量最大,北槽下口出沙量最大;比较洪季大潮各边界进沙量可知,洪季南导堤越堤泥沙是北槽的重要泥沙来源,北槽下口次之;出沙量则是北槽下口最大。

由图7-17和图7-18可知,不论大小潮或是洪枯季,北槽上、下口断面和南、北导堤四侧边界均存在内外的水沙交换,北槽各边界水沙交换呈大潮强于小潮、洪季明显强于枯季的特征。

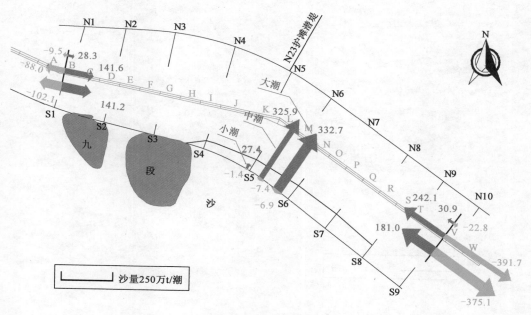

a) 2011年8—9月

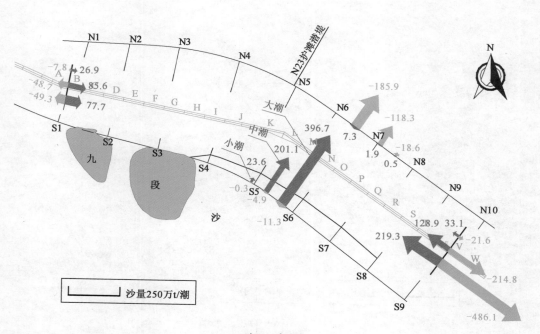

b) 2012年9月

图 7-17

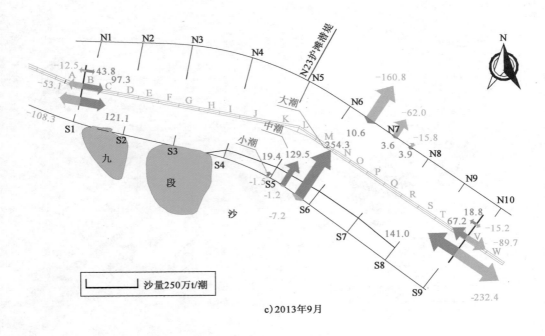

c)2013年9月

图 7-17　北槽四个断面大、中、小潮泥沙通量

注:红色箭头表示输入北槽,青色箭头表示输出北槽,柱状图从粗到细表示潮型从大潮至小潮。

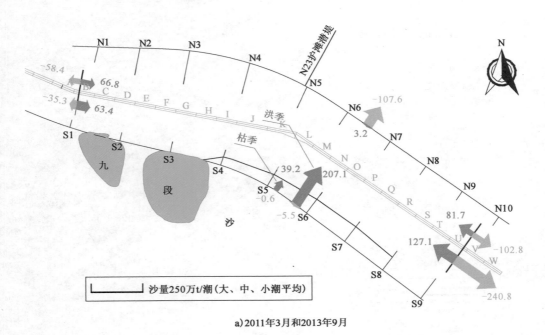

a)2011年3月和2013年9月

图　7-18

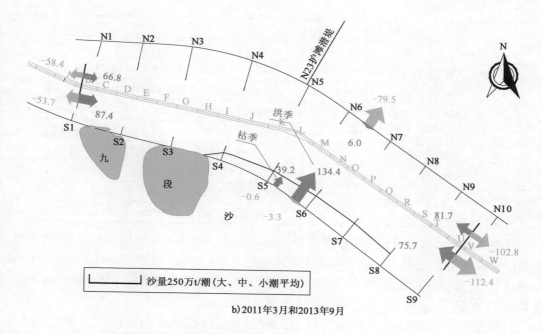

图 7-18　北槽四个断面大、中、小潮平均泥沙通量

注:红色箭头表示输入北槽,青色箭头表示输出北槽;粗柱状图表示 2013 年洪季,细柱状图表示 2011 年枯季。

　　从水量来看(表 7-4),北槽以纵向输移为主,即南导堤越堤进出潮量总体上小于北槽上、下口断面的落潮量。以 2012 年洪季大潮为例,南导堤越堤(横向进入北槽)潮量为北槽上、下口落潮量 0.95 倍、0.54 倍,北槽上、下口涨潮量的 1.48 倍、0.84 倍。

　　从沙量来看(表 7-5),南导堤越堤输沙量(横向进入北槽)总体上大于北槽纵向泥沙输移量。以 2012 年洪季大潮为例,南导堤越堤(进入北槽)沙量为北槽上、下口落潮输沙量 5.1 倍、0.82 倍,为北槽上、下口涨潮输沙量的 8.0 倍、1.8 倍。

2011 年 3 月和 2012 年 9 月北槽各断面潮通量统计表(万 m³)　　　　表 7-4

北槽四侧边界	潮况	2011 年 3 月(枯季)			2012 年 9 月(洪季)			洪季/枯季		
		进	出	净	进	出	净	进	出	净
北槽上口	大潮	155215	−125383	29833	195220	−125988	69232	1.3	1.0	2.3
	中潮	113886	−83374	30512	183201	−114773	68427	1.6	1.4	2.2
	小潮	109031	−57608	51423	137021	−45927	91094	1.3	0.8	1.8
	平均	126044	−88788	37256	171814	−95563	76251	1.4	1.1	2.1
北槽下口	大潮	202870	−259970	−57100	220435	−344056	−123621	1.1	1.3	2.2
	中潮	132361	−174393	−42032	211203	−292755	−81551	1.6	1.7	1.9
	小潮	81380	−161896	−80516	73924	−176359	−102436	0.9	1.1	2.3
	平均	138870	−198753	−59883	168521	−271057	−102536	1.2	1.4	1.8

续上表

北槽四侧边界	潮况	2011年3月（枯季）			2012年9月（洪季）			洪季/枯季		
		进	出	净	进	出	净	进	出	净
南导堤	大潮	108272	-3573	104699	184799	-10529	174270	1.7	2.9	1.7
	中潮	63775	-1247	62529	163448	-8013	155434	2.6	6.4	2.5
	小潮	16679	-1095	15583	69627	-2244	67384	4.2	2.0	4.3
	平均	62909	-1972	60937	139291	-6929	132363	2.8	3.8	2.8
北导堤	大潮	—	—	—	6184	-122512	-116328	—	—	—
	中潮	—	—	—	4126	-117425	-113299	—	—	—
	小潮	—	—	—	2723	-51067	-48344	—	—	—
	平均	—	—	—	4344	-97001	-92657	—	—	—

从四个断面的输沙量和净输沙量来看（表7-5），在一个潮周期内，北槽上口和南导堤越堤泥沙净输向北槽，北槽下口和北导堤泥沙净输出北槽（北槽下口小潮除外）。在四个断面净输沙量中，南导堤为最大，以2012年洪季大潮为例，南导堤越堤净向北槽的输沙量为北槽上口的13.6倍。

2011年3月和2012年9月北槽各断面泥沙通量统计表（万t）　表7-5

北槽四侧边界	潮况	2011年3月（枯季）			2012年9月（洪季）			洪季/枯季		
		进	出	净	进	出	净	进	出	净
北槽上口	大潮	113.3	-104.8	8.5	77.7	-49.3	28.4	0.7	0.5	3.3
	中潮	60.7	-56.0	4.8	85.6	-48.7	36.9	1.4	0.9	7.7
	小潮	26.5	-14.5	11.9	26.9	-7.8	19.1	1.0	0.5	1.6
	平均	66.8	-58.4	8.4	63.4	-35.3	28.1	1.0	0.6	4.2
北槽下口	大潮	145.8	-179.7	-33.9	219.3	-486.1	-266.8	1.5	2.7	7.9
	中潮	73.5	-86.7	-13.2	128.9	-214.8	-86.0	1.8	2.5	6.5
	小潮	25.6	-41.9	-16.3	33.1	-21.6	11.5	1.3	0.5	-0.7
	平均	81.7	-102.8	-21.1	127.1	-240.8	-113.8	1.5	1.9	4.6
南导堤	大潮	84.0	-1.5	82.5	396.7	-11.3	385.4	4.7	7.6	4.7
	中潮	29.4	-0.3	29.1	201.1	-4.9	196.2	6.8	14.8	6.7
	小潮	4.2	-0.1	4.1	23.6	-0.3	23.3	5.6	4.3	5.6
	平均	39.2	-0.6	38.6	207.1	-5.5	201.6	5.7	8.9	5.7
北导堤	大潮	—	—	—	7.3	-185.9	-178.6	F—	—	—
	中潮	—	—	—	1.9	-118.3	-116.4	—	—	—
	小潮	—	—	—	0.5	-18.6	-18.1	—	—	—
	平均	—	—	—	3.2	-107.6	-104.4	—	—	—

（2）洪季大潮，南导堤越堤进沙量和含沙量均是下口涨潮期的2倍左右（表7-6、表7-7）。

2011—2013 年洪季南导堤和北槽下口进沙量比较　　表 7-6

时　间	南导堤进沙量（万 t）	下口进沙量（万 t）	南导堤/下口
2011 年洪季大潮	338.0	194.2	1.7
2012 年洪季大潮	424.6	219.3	1.9
2013 年洪季大潮	240.4	140.0	1.7

2011—2013 年洪季南导堤和北槽下口进入北槽平均含沙量比较　　表 7-7

时　间	南导堤含沙量（kg/m³）	下口含沙量（kg/m³）	南导堤/下口
2011 年洪季大潮	1.47	0.85	1.7
2012 年洪季大潮	2.28	1.00	2.3
2013 年洪季大潮	1.17	0.55	2.1

（3）南导堤中下段越堤泥沙平均中值粒径细,与北槽悬沙粒径相当。

南导堤中下段越堤泥沙平均中值粒径为 0.007～0.020mm,与北槽悬沙粒径相当;上段 C1 和 C1a 测点越堤泥沙中值粒径较粗,平均值为 0.038～0.053mm,多为粉沙（图 7-19）。

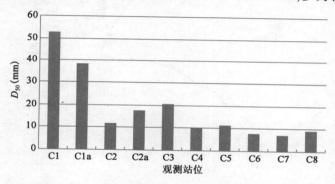

图 7-19　2013 年洪季南导堤各站越堤泥沙平均中值粒径

（4）洪季南导堤越堤沙量大,与洪季平均海平面及背景含沙量较高有关。

洪季海平面较枯季抬高 40cm 左右（图 7-20、表 7-8）,南槽含沙量高于北槽,且洪季含沙量明显高于枯季,因此南导越堤沙量洪季明显大于枯季（图 7-21、图 7-22）。以 2012 年洪季和 2011 年枯季为例,洪季南导堤越堤进入北槽的潮量和沙量均要明显大于枯季,分别是枯季的 2.1 倍、3.8 倍（大、中、小潮平均值）。

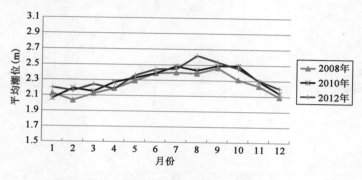

图 7-20　北槽 3 个水文站月平均潮位值

北槽3个水文站个月平均潮位值洪枯季差值(8月—次年2月)   表7-8

站　位	2006年	2007年	2008年	2009年	2010年	2011年	2012年
牛皮礁(m)	0.41	0.48	0.39	0.44	0.41	0.31	0.38
北槽中(m)	0.43	0.5	0.43	0.51	0.43	0.38	0.46
横沙(m)	0.44	0.53	0.51	0.58	0.55	0.42	0.56

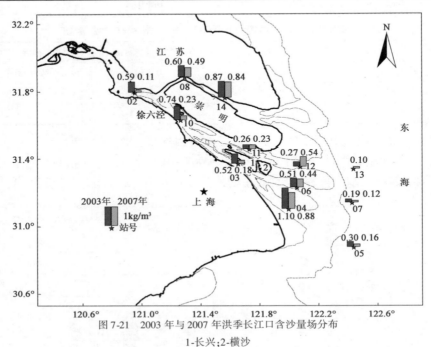

图7-21　2003年与2007年洪季长江口含沙量场分布
1-长兴;2-横沙

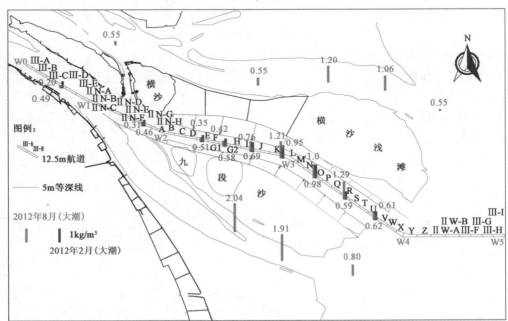

图7-22　2012年洪季长江口(吴淞口以下)含沙量场分布

（5）洪季越堤泥沙主要通过南导堤中下段进入北槽。

从大潮期越堤含沙量来看，位于南导堤中段的 C4、C5 测点最大。而越堤单宽输沙量则为 S6～S7 丁坝之间的 C6 测点最大（图 7-9、图 7-10）。

（6）南导堤越堤泥沙可横向输移至主槽

①洪季南导堤中下段越堤泥沙在涨潮后期进入南坝田

2008、2009 年多次在九段沙越堤流观测和 2011、2012、2013 年在北槽水沙通量（大通量）观测均表明，南导堤存在越堤水沙进入北侧的南坝田区域，尤其在洪季大潮期间表现更为明显。

②南坝田横向水沙进入南边滩。

2009 年 4 月南导堤越堤流观测发现（观测点位置见图 7-23），在涨憩前后（涨转落时段），坝田区存在较明显的横向水流往南边滩输移（图 7-24）；相应地，涨潮期坝田内测点有明显的含沙量峰值由南向北的传递过程（图 7-25）。

为进一步分析北槽内横向水沙输移对航道回淤的影响，2013 年洪季（8—9 月）北槽大通量观测增加了南导堤越堤水沙横向输移观测（观测站点布置见图 7-26）。2013 年 8 月南导堤越沙观测期越堤流速矢量图（图 7-27）显示从南导堤—南坝田挡沙堤—南边滩存在明显横向水流，携带泥沙从南坝田进入南边滩。越堤水流越过南导堤后，在坝田区内（C2、T2）流向主要指向主槽，进入主槽后（T5 站）流向偏向主槽区涨潮方向。流向基本可表征泥沙的输移方向，说明越堤泥沙越堤后主要向主槽输移；进入主槽区后，其水沙运动遵循主槽区的输移规律，但仍具有一定程度的横向水沙运动分量。含沙量观测结果表明，北槽中下段 S5～S6 边滩区域的 T3～T5 站点含沙量峰值存在由南向北的推移过程（图 7-28），可见，经南导堤越堤的含沙水体在北槽南坝田及南边滩区域内发生了横向输移行为，进而对北槽主槽水体进行侧向泥沙补充，造成对北槽中下段高浓度含沙量场有一定贡献。

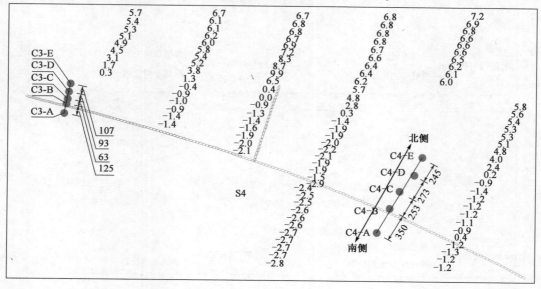

图 7-23　2009 年 4 月南导堤越堤水沙观测布置（尺寸单位：m；水深单位：m）

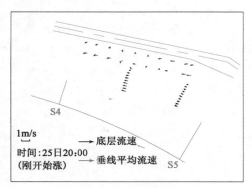

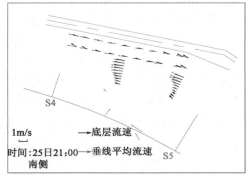

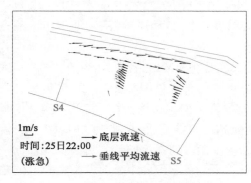

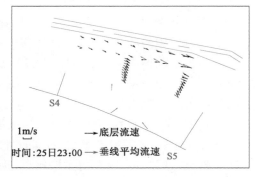

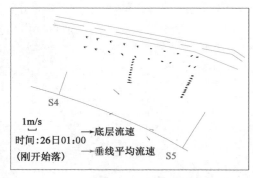

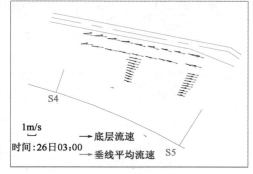

图 7-24　2009 年 4 月南导堤越堤水动力场平面分布

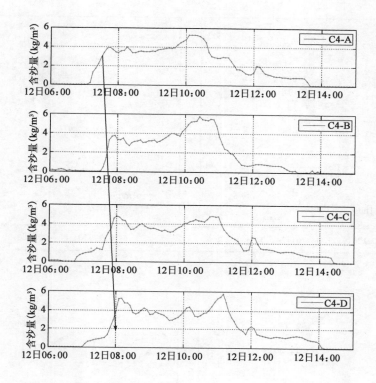

图 7-25　2009 年 4 月南导堤越堤水体含沙量变化过程（固定垂线测点）

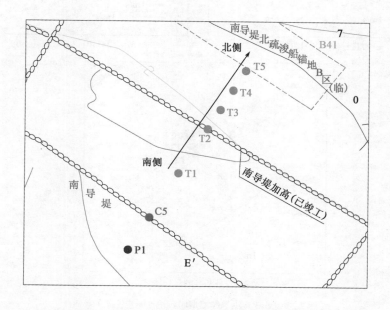

图 7-26　2013 年 9 月南导堤越堤水沙横向输移观测站点布置示意图

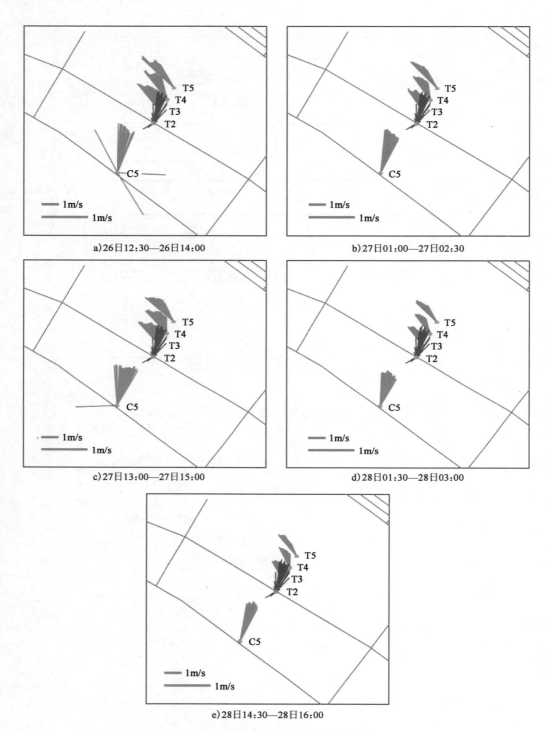

a)26日12:30—26日14:00

b)27日01:00—27日02:30

c)27日13:00—27日15:00

d)28日01:30—28日03:00

e)28日14:30—28日16:00

图 7-27　2013 年洪季越堤期间各站点同步流速矢量图

注:T2 站点的流速资料来源于 2011 年 4 月 5 日 10:00—14:00 观测。

　　从 2012 年 9 月含沙量的现场观测来看,南导堤越堤水体含沙量大于北槽表层水体含沙量(图 7-22),尤其是南导堤中下段越堤水体含沙量最高(图 7-29)。从时间过程来看,南导堤的越堤水体主要在涨潮后期进入南坝田并出坝头进北槽(图 7-25)。由于涨潮后期流速减小,之后还会经历较长时间的涨转落憩流期,在此期间越堤泥沙将会输移、沉降,由此会增大北槽水体含沙量,尤其是北槽中段水体的含沙量。

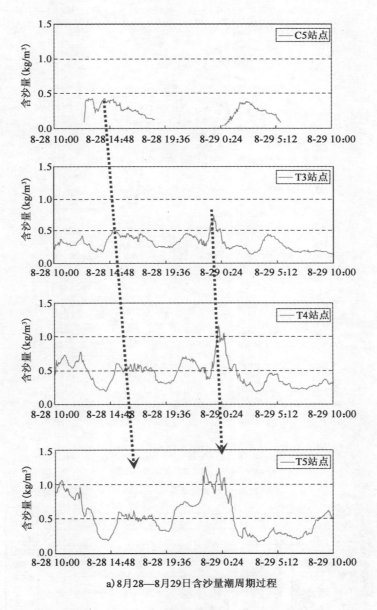

a) 8月28—8月29日含沙量潮周期过程

图　7-28

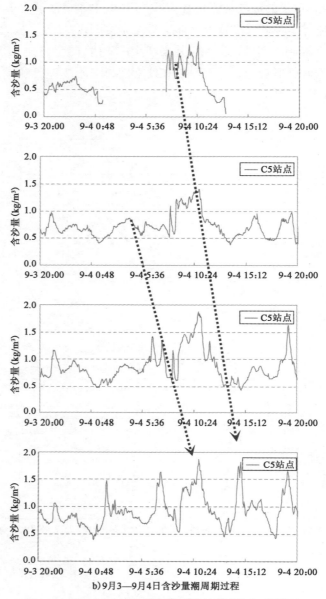

b)9月3—9月4日含沙量潮周期过程

图 7-28　2013 年 8—9 月南导堤越堤水沙横向输移观测结果

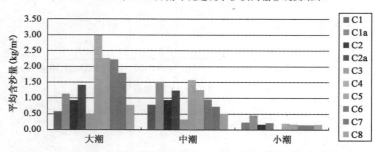

图 7-29　2012 年 9 月南导堤沿程各站点大、中、小潮潮周期平均含沙量比较

(7)北槽中下段(主槽)存在着由南向北的净输沙。

多次固定垂线水文测验以及坐底观测成果也证实北槽航道存在横向滩槽水沙交换,挟沙水体跨越航道因挟沙力降低,导致悬沙落淤,会在一定程度上影响航道回淤。

2012年9月(洪季)和2013年3月(枯季)北槽局部航段(N疏浚单元)水沙通量观测资料表明(断面布置见图7-30),除纵向随涨、落潮输水输沙为主外,北槽主槽内还存在着由南向北的横向水沙输移,水沙输移的总体方向均是向北跨越航道(表7-9、图7-31、图7-32)。

2012年9月(洪季)和2013年3月(枯季)北槽中段N
单元S3、S4纵断面潮量和沙量统计表　　　　　　　　　表7-9

2012年9月(洪季)							
纵断面		潮量(万 m³)			沙量(万 t)		
		流入	流出	净量	流入	流出	净量
航北S3	大潮	4537.9	−30700.4	−26162.5	10.97	−31.37	−20.40
	中潮	3010.8	−23178.4	−20167.7	2.16	−10.71	−8.55
	小潮	4031.6	−16742.2	−12710.6	4.69	−3.20	1.49
航南S4	大潮	24874.2	−2197.3	22676.8	24.92	−1.80	23.12
	中潮	16830.0	−1960.4	14869.6	6.54	−1.43	5.11
	小潮	11395.0	−3083.3	8311.6	1.49	−0.83	0.66
2013年3月(枯季)							
纵断面		潮量(万 m³)			沙量(万 t)		
		流入	流出	净量	流入	流出	净量
航北S3	大潮	4713	−25261	−20548	3.5	−15.3	−11.8
	中潮	4854	−17340	−12486	5.2	−11.2	−6.0
	小潮	4968	−10920	−5952	1.5	−1.8	−0.3
航南S4	大潮	21399	−3893	17506	19.8	−4.7	15.1
	中潮	15638	−3817	11821	15.2	−4.5	10.7
	小潮	8556	−3652	4904	1.6	−0.9	0.7

注:S3流出方向和S4流入方向均指由南向北方向;负号表示流出。

图7-30　2012年洪季和2013年枯季北槽小通量观测站点及断面布置图

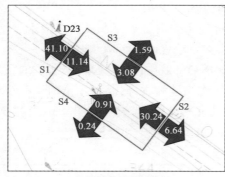

a) 小潮期间各断面沙通量　　　　　　b) 小潮期间各断面净输沙量

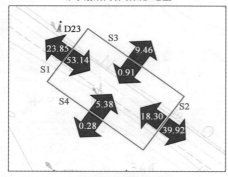
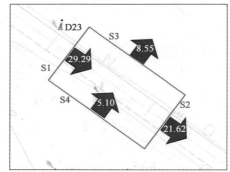

c) 中潮期间各断面沙通量　　　　　　d) 中潮期间各断面净输沙量

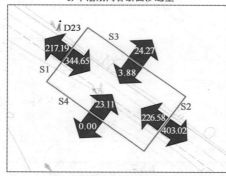
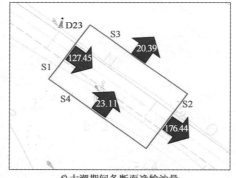

e) 大潮期间各断面沙通量　　　　　　f) 大潮期间各断面净输沙量

图 7-31　2012 年洪季大、中、小潮期间北槽各断面沙通量及净输沙量(万 t)

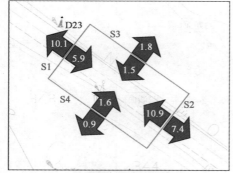

a) 小潮期间各断面沙通量　　　　　　b) 小潮期间各断面净输沙量

图　7-32

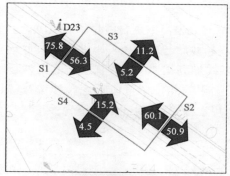

c)中潮期间各断面沙通量

d)中潮期间各断面净输沙量

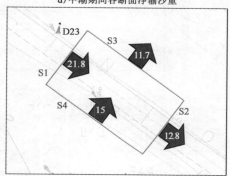

e)大潮期间各断面沙通量

f)大潮期间各断面净输沙量

图 7-32　2013 年枯季大、中、小潮期间北槽各断面沙通量及净输沙量(万 t)

从纵断面(S3、S4)的输水输沙特征来看(表 7-9),与横断面(S1、S2)在潮周期内呈现明显的涨落潮往复输移不同的是,在涨、落潮期内纵断面的净输水基本均表现为由南向北方向的单向输移,即 S3 断面为流出封闭单元,S4 断面为流入封闭单元。在输沙方面,S3、S4 纵断面在一个潮周期过程中整体亦展现为由南向北的净输沙。据统计(表 7-9),航北 S3 断面由南向北的净输沙量在 0.3 万～11.8 万 t 不等,航南 S4 断面由南向北的净输沙量在 0.7 万～15.1 万 t 不等。

总的来看,北槽(N 单元)小通量洪、枯季水沙输移变化特征可归纳为:①各断面的潮通量均呈洪季大于枯季;②与洪季相比,枯季断面潮量均有所减小,但纵向减小幅度较横向更加明显(这可能主要与径流的减小有关);③各断面枯季输沙量较洪季减小,尤其是大潮期减幅最为明显;④与洪季相比,枯季纵向输沙量减幅最大(尤其是大潮期),而横向输沙的减幅不如纵向明显;⑤观测区横向水沙输移特征明显,无论洪枯季均存在着明显的由南向北的输水输沙态势;⑥枯季的中、小潮期和洪季的小潮期,观测区出现净向上的输沙态势。

北槽中下段的流态是长江口宏观流场的局部表现,当水位高于导堤后,呈现出越堤流特征。越堤水流对北槽流态的影响主要表现为北槽横流增大,加大了横向水流通量,影响北槽主槽流态。对北槽含沙量的影响主要表现在:①南导堤越堤水流含沙量为四边界中最高,一方面直接增大了北槽水体的背景含沙量,并通过絮凝沉降等形式进一步影响近底含沙量;②越堤水流带来的横向输沙也在一定程度上影响了北槽的近底含沙量,并在水沙两个方面对航道回淤产生影响。

(8)南导堤越沙是洪季北槽的重要泥沙来源,对北槽高浓度含沙量场有贡献。

利用三维潮流悬沙数模计算对比阻挡南导堤越沙后与现状条件下北槽沿程底层含沙量的变化(图7-33),阻挡南导堤越沙后(南导堤全线加高出水)北槽航道内的泥沙场变化明显,涨憩时刻的近底层泥沙浓度明显减小,集中淤积的北槽中下段近底含沙量减幅最为明显,南港和圆圆沙部分区段略有增大。南导堤越堤水沙输移,对北槽航道含沙量场变化影响较明显。

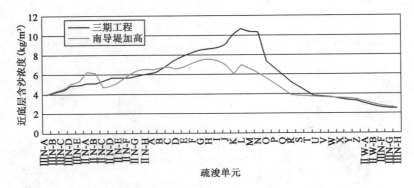

图7-33 南导堤越堤含沙量对北槽含沙量的影响(涨憩时刻)

第8章　长江口北槽航道回淤机理

8.1　北槽航道回淤量洪枯季差异原因

洪季南导堤越堤沙量多,泥沙絮凝沉速大,盐度分层明显,含沙量垂向差异更为显著,形成了明显大于枯季的底部高浓度含沙量,使得北槽洪季回淤量远大于枯季。

(1)洪季南导堤越堤沙量多。

如前所述,洪季平均海平面高且背景含沙量较大,使洪季南导堤越堤沙量多。

(2)洪季水温高、泥沙絮凝沉速大、盐度分层明显导致洪季底层含沙量大。

洪季较枯季水温高、背景水体含沙量高,使得洪季泥沙的絮凝沉降速度较枯季大(图4-27、图4-28),从而导致洪季盐淡水交汇处的北槽中下段含沙量表层小、底层大的垂向差异更加明显。

相对于枯季,洪季径流增大,盐淡水分层更为明显(图8-1),尤其是北槽中下段的分层更加显著,有利于泥沙在底层集聚形成高沙量区。

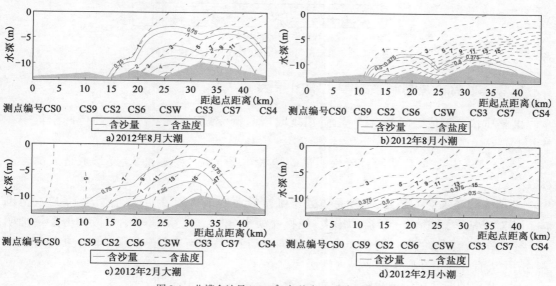

图8-1　北槽含沙量(kg/m³)与盐度(‰)分层的关系

(3)北槽中段底层低流速期含沙量差异是形成洪枯季淤强差异的主要原因。

低流速历时和低流速期含沙量是影响航道淤强的重要因素。北槽沿程低流速期历时差异不大,洪季略长于枯季(图8-2)。但低流速期含沙量的洪枯季差异非常明显,尤其是北槽中段,CSW垂线实测低流速期含沙量洪季是枯季的3.8倍,与实际回淤强度的洪枯季差异较接近。

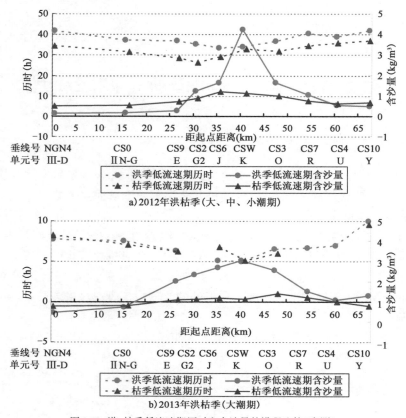

图 8-2 洪、枯季低流速期历时和含沙量的沿程比较(实测)

8.2 北槽航道回淤量集中在中段原因

北槽中段易形成近底高含沙量,且出现时段与低流速时段重合,使得北槽回淤集中在中段。

(1)北槽中段在适合絮凝且分层明显的盐水环境下泥沙沉速加大,易形成近底高含沙水体。

北槽为盐淡水交汇处,其中段总体处于细颗粒泥沙最佳絮凝的盐度值 7‰~12‰ 范围内。相对于枯季,洪季由于径流的增大,使得盐淡水分层,尤其是北槽中下段的分层更加明显(图 8-3)。盐淡水的分层将削弱水体的垂向紊动混合,对河床起悬的泥沙向上扩散起到抑制作用,从而有利于在底层形成高含沙层区。

(2)北槽中段底层纵向净输运能力弱,存在滞流点和滞沙点。

北槽中下段因盐水楔形成的盐度密度流,起到了增加涨潮流速、减小落潮流速的作用,使得北槽中下段净向下输沙能力减弱,尤其是近底层较上游明显下降(图 5-7、图 8-4)。

(3)北槽中段近底高含沙水体难以在一个潮周期内全部输出北槽,底层纵向净输运能力弱,涨落潮过程中高含沙水体在北槽中下段起悬、输移、落淤和变动,泥沙向北槽中下段富集(图 8-5)。

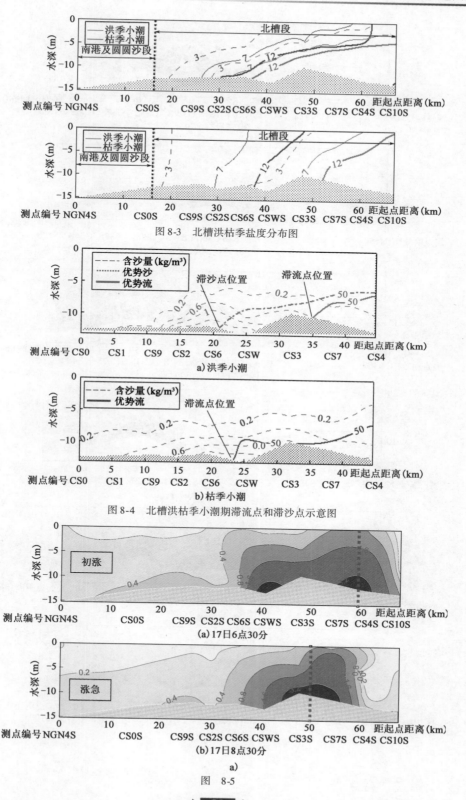

图 8-3　北槽洪枯季盐度分布图

a) 洪季小潮

b) 枯季小潮

图 8-4　北槽洪枯季小潮期滞流点和滞沙点示意图

(a) 17日6点30分

(b) 17日8点30分

a)

图　8-5

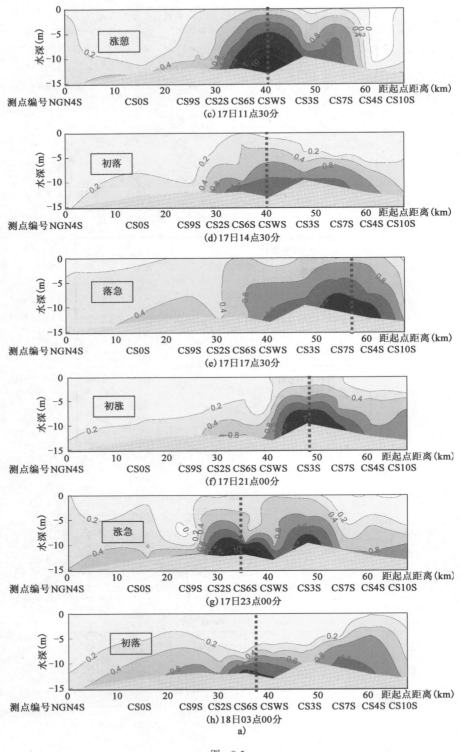

测点编号 NGN4S   CS0S   CS9S CS2S CS6S CSWS CS3S   CS7S CS4S CS10S
(c) 17日11点30分

测点编号 NGN4S   CS0S   CS9S CS2S CS6S CSWS CS3S   CS7S CS4S CS10S
(d) 17日14点30分

测点编号 NGN4S   CS0S   CS9S CS2S CS6S CSWS CS3S   CS7S CS4S CS10S
(e) 17日17点30分

测点编号 NGN4S   CS0S   CS9S CS2S CS6S CSWS CS3S   CS7S CS4S CS10S
(f) 17日21点00分

测点编号 NGN4S   CS0S   CS9S CS2S CS6S CSWS CS3S   CS7S CS4S CS10S
(g) 17日23点00分

测点编号 NGN4S   CS0S   CS9S CS2S CS6S CSWS CS3S   CS7S CS4S CS10S
(h) 18日03点00分
a)

图 8-5

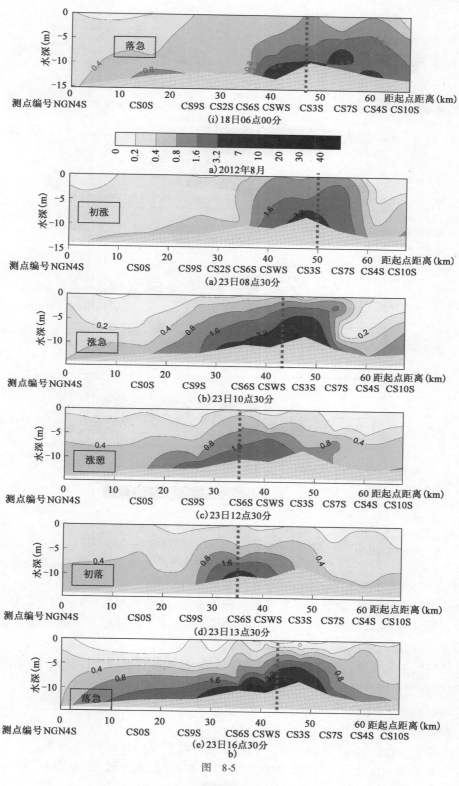

(i) 18日06点00分

a) 2012年8月

(a) 23日08点30分

(b) 23日10点30分

(c) 23日12点30分

(d) 23日13点30分

(e) 23日16点30分

b)

图　8-5

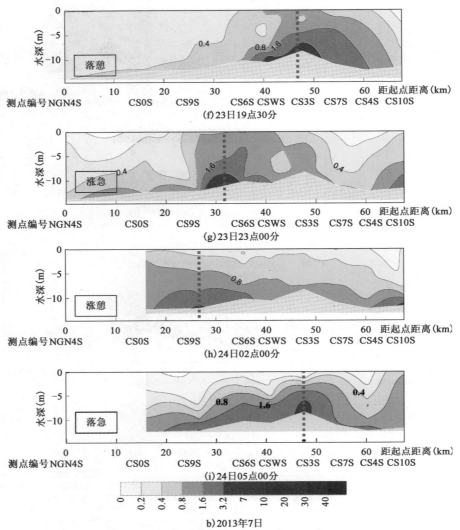

(f) 23日19点30分

(g) 23日23点00分

(h) 24日02点00分

(i) 24日05点00分

b) 2013年7日

图 8-5　北槽最大浑浊带在大潮周期内的变动过程(典型时刻)

注:图中等值线数字表示含沙量,单位:kg/m³。

(4)北槽中段近底高含沙量出现时段与低流速时段重合。

悬沙的沉降与起悬,通常在一个潮周期内的涨急、落急和涨憩、落憩四个阶段近底层均可出现高含沙量,尤以涨憩时段近底含沙量最高(图 8-6),但悬沙的落淤主要发生涨、落憩的低流速阶段,即当水流速度小于临界淤积流速的时段。

北槽中段近底高含沙量在涨憩低流速时段最大,初落时近底含沙量减小、泥沙落淤(图 8-7),说明北槽中段近底高含沙量出现时段与低流速时段重合。

北槽沿程的低流速历时差异不大;而低流速期含沙量沿程分布在北槽中段大,与实测回淤强度分布对应(图 8-7)。

(5)北槽洪枯季航道回淤强度差异与底层含沙量变化具有相关性(图 8-8)。

由于存在最大浑浊带,使得北槽中下段水体含沙量总体上较上、下游高。相对而言,洪季北槽中下段底层水体含沙量更大,对应部位的航道回淤强度也更高;枯季底层水体含沙量相对较小,相应的航道回淤强度也较小。同时,洪季北槽高含沙浓度区整体较枯季偏下,而主要回淤部位也相应地较枯季偏下。

总体来看,洪枯季含沙量的大小、分布与航道回淤强度的大小、分布均展现出较好的对应关系。

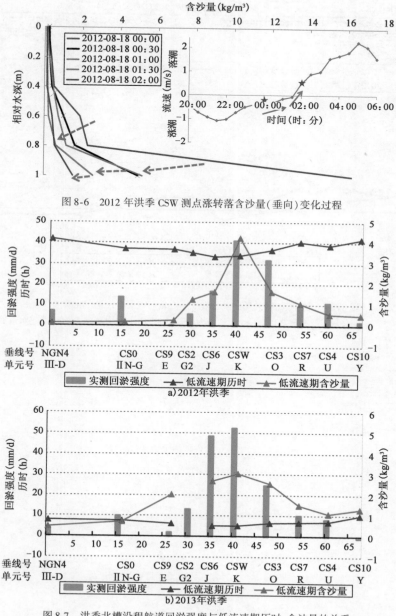

图 8-6　2012 年洪季 CSW 测点涨转落含沙量(垂向)变化过程

a)2012 年洪季

b)2013 年洪季

图 8-7　洪季北槽沿程航道回淤强度与低流速期历时、含沙量的关系

注:横坐标中数字表示距离起始点 NGN4 的距离,单位:km。

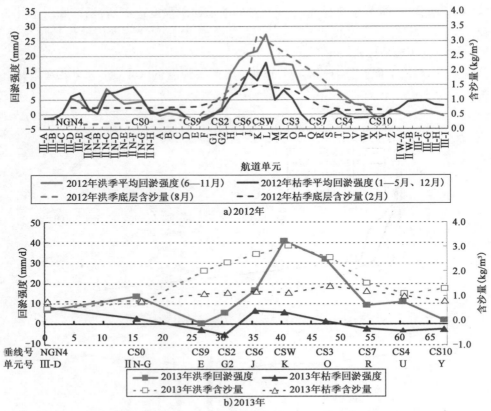

图 8-8　北槽洪、枯季航道回淤强度纵向变化与底层含沙量变化的关系

注:2012 年含沙量为大、中、小潮平均值;2013 年为大潮含沙量;横坐标中数字表示距离起始点 NGN4 的
　　距离,单位:km。

第9章　长江口北槽航道回淤预测

9.1　长江口三维潮流泥沙数学模型介绍

9.1.1　三维浅水流动模型控制方程及离散求解

1）三维浅水流动模型控制方程

三维潮流泥沙数学模型 SWEM 3D 采用的三维浅水控制方程如下：

$$\frac{\partial \eta}{\partial t} + \nabla \cdot \vec{Q} = 0 \qquad\qquad \vec{Q} = \int_{-k}^{\eta} \vec{U} \mathrm{d}z \tag{9-1}$$

$$\frac{\mathrm{d}}{\mathrm{d}t}(D\vec{U}) = -\frac{D}{\rho_0}\nabla p_a - gD\nabla\eta - \frac{gD^2}{\rho_0}\int_{\sigma}^{0}\Big[\nabla\rho - \frac{\sigma'}{D}\frac{\partial\rho}{\partial\sigma'}\nabla D\Big]\mathrm{d}\sigma' - $$

$$D\vec{f}\times\vec{U} + \nabla\cdot\big[DA_H(\nabla\vec{U}+\nabla^T\vec{U})\big] + \frac{\partial}{\partial\sigma}\Big(\frac{A_V}{D}\frac{\partial\vec{U}}{\partial\sigma}\Big) \tag{9-2}$$

式中，η 为自由水面；$\vec{U} = \left(\dfrac{u}{v}\right)$ 为流速矢量；$\vec{f}$ 为柯氏力参数；ρ_0 为参考密度；ρ 为水的密度；P_a 为自由水面的大气压强；A_H、A_V 分别为水平涡黏系数、垂直涡黏系数；算子 $\nabla = \left(\dfrac{\partial}{\partial x},\dfrac{\partial}{\partial y}\right)$；$\sigma$ 定义为 $\sigma = \dfrac{z-\eta}{H+\eta} = \dfrac{z-\eta}{D}$。

σ 坐标系的垂向流速方程为：

$$\omega = w - \vec{U}\cdot\nabla(\sigma D+\eta) - \frac{\partial(\sigma D+\eta)}{\partial t} \tag{9-3}$$

式中：w 为 z 坐标系下的垂向流速。

Smagorinsky 亚格湍流模型（1963 年）得到水平涡黏系数 A_H 和水平扩散系数 K_H，定义如下：

$$A_H = c_H \delta a \Big[\Big(\frac{\partial u}{\partial x}\Big)^2 + \frac{1}{2}\Big(\frac{\partial v}{\partial x}+\frac{\partial u}{\partial y}\Big)^2 + \Big(\frac{\partial v}{\partial y}\Big)^2\Big] \tag{9-4}$$

式中，c_H 为 Smagorinsky 常数，取值 0.1；δa 为网格面积。

垂线涡黏系数 A_V 和扩散系数 K_V 由紊流模型给出，这里用 Mellor and Yamada 2.5 阶（MY − 2.5）紊流模型，由下式给出：

$$\frac{D}{Dt}(Dq^2) = 2D(P_s + P_b - \varepsilon) + \frac{\partial}{\partial\sigma}\Big(\frac{1}{D}K_Q\frac{\partial q^2}{\partial\sigma}\Big) \tag{9-5}$$

$$\frac{D}{Dt}(q^2lD) = lE_1 D\Big(P_s + P_b - \frac{\tilde{W}}{E_1}\varepsilon\Big) + \frac{\partial}{\partial\sigma}\Big(\frac{1}{D}K_Q\frac{\partial q^2 l}{\partial\sigma}\Big) \tag{9-6}$$

式中,$q^2 = (u'^2 + v'^2)/2$ 为紊动动能;l 为紊动长度;K_Q 为紊动动能的扩散系数;$P_s = A_V(u_z^2 + v_z^2)$ 和 $P_b = (gK_V\rho_z)/\rho_0$ 为表底层边界条件;$\varepsilon = q^3/B_1 l$ 为紊动耗散;$\widetilde{W} = 1 + 1.33(l/kd_b)^2 + 0.25(l/kd_s)^2$ 为壁函数;d_b 和 d_s 是离地和表面的距离;参数 B_1,E_1 分别取值 16.6 和 1.33。

垂线涡黏系数 A_V 和扩散系数 K_V 值的计算如下:

$$A_V = lqS_m, \quad K_V = lqS_h, \quad K_Q = 0.2lq \tag{9-7}$$

式中,S_m,S_h 为稳定函数,取值如下:

$$S_m = \frac{0.3933 - 3.0858G_h}{(1 - 34.676G_h)(1 - 6.1272G_h)} \tag{9-8}$$

$$S_h = \frac{0.494}{1 - 34.676G_h} \tag{9-9}$$

这里 $G_h = (l^2 g/q^2 \rho_0)\rho_z$。

2)控制方程离散

上述连续方程和动量方程的离散如下:

$$\delta A_i \frac{\eta_i^{n+1} - \eta_i^n}{\Delta t} + \sum_{fi} \sum_K \delta\sigma_K \, \delta l_{fi} \cdot [(1-\theta)\vec{q}_{(f_i,k)}^n + \theta \vec{q}_{(f_i,k)}^{n+1}] = 0 \tag{9-10}$$

$$\frac{\vec{q}_{(j,k)}^{n+1} - \vec{q}_{(j,k)}^b}{\Delta t} = -\frac{D_j}{\rho_0}\nabla(P_a^n)_j - D_j g \nabla[(1-\theta)\eta_j^n + \theta\eta_j^{n+1}] -$$
$$B_H(\vec{q}_{j,k}) + \vec{f}_j \times \vec{q}_{(j,k)}^n + D_H(\vec{q}_{j,k}) + \frac{1}{D_j^2 g\sigma_k} \cdot$$
$$\left[(A_V)_{(j,t(k))}^n \frac{\partial \vec{q}^{n+1}}{\partial\sigma}\bigg|_{(j,t(k))} - (A_v)_{(j,b(k))}^n \frac{\partial \vec{q}^{n+1}}{\partial\sigma}\bigg|_{(j,b(k))}\right] \tag{9-11}$$

式中,$()^b$ 为拉格朗日追踪的值;$\delta\sigma_k$ 为第 K 层厚度;θ 为半隐参数;$B_H(\vec{q}_{j,k})$ 和 $D_H(\vec{q}_{j,k})$ 分别为斜压项和水平扩散项;δA_i 为第 i 单元面积;j 和 k 分别表示第 j 条边和第 k 层。

由于 σ 坐标下的盐度斜压梯度力在河口地区地形变化较为剧烈时会产生较为明显误差,因此在实际求解时转换到同一 Z 坐标下,进行求解边的两侧对应 z 坐标高度上的盐度插值,以减小虚假的盐度梯度力的影响。

垂向流速 ω 由连续方程计算得出:

$$\frac{\partial\eta}{\partial t} + \nabla \cdot \vec{q} + \frac{\partial\omega}{\partial\sigma} = 0 \tag{9-12}$$

用有限体积法离散上述方程,可得:

$$\omega_{i,k}^{n+1} = \omega_{i,k-1}^{n+1} - \frac{\delta\sigma_k}{\delta A_i}\sum_{fi} D_{fi}\vec{U}_{(fi,k)} \cdot \vec{\delta l}_{fi} + \delta\sigma_K \frac{\eta^{n+1} - \eta^n}{\Delta t} \tag{9-13}$$

上述方程的边界条件为:

$$\omega = 0 \quad (当 \sigma = 0 时)$$
$$\omega = 0 \quad (当 \sigma = -1 时)$$

式(9-10)~式(9-13)中变量布置见图9-1,其中流速变量布置在图中三棱柱边的中心,潮位、紊动参数等布置在上下面的中心,盐度泥沙布置在三棱体单元的中心。

3)控制方程的数值求解过程

SWEM3D 模型的数值求解过程参考 Casulli 等提出的方法,主要包括三个步骤:

第一步骤是流场的预测步,利用半隐式计算预估的流场;

第二步骤是水位方程的隐式计算,其利用预估流场构建水位变量的稀疏矩阵,利用开源的高效率数值计算求解包——ITPACK 进行求解;

第三步骤利用水位变量更新流场。

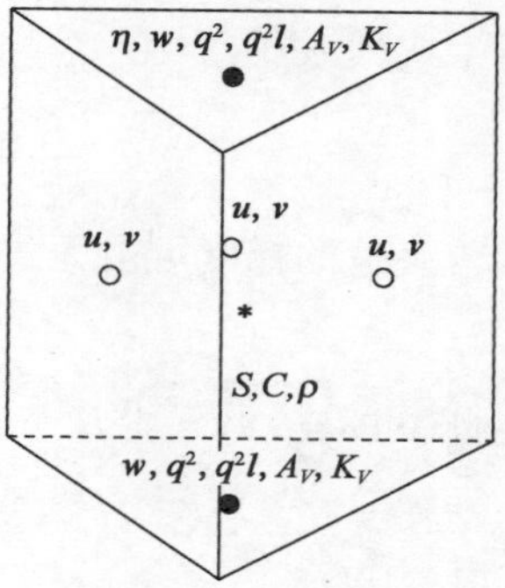

图 9-1　网格变量分布
η-自由水面;u-水平 x 向流速;v-水平 y 向流速;w-垂向流速;q^2-紊动动能;l-紊动长度

其主要求解步骤详述如下:

第一步骤:计算预估流场 $\vec{q}*$

$$\frac{\vec{q}^{*}_{(j,k)} - \vec{q}^{b}_{(j,k)}}{\Delta t} = -\frac{D_j}{\rho_0} \nabla (P_a^n)_j - D_j g \nabla \eta_j^n - B_H (\vec{q}_{j,k}) +$$

$$D_j \vec{f}_j \times \vec{U}^n_{(j,k)} + D_H (\vec{q}_{j,k}) +$$

$$\frac{1}{D_j^2 \delta \sigma k} \left[(A_V)^n_{(j,t,(k))} \frac{\partial \vec{q}}{\partial \sigma} \bigg|_{(j,t(k))} - (A_V)^n_{(j,b(k))} \frac{\partial \vec{q}^*}{\partial \sigma} \bigg|_{(j,b(k))} \right] \qquad (9\text{-}14)$$

上述方程式可写成:

$$A_j \cdot Q_j^* = -D_j g \nabla \eta_j^n + F_j \qquad (9\text{-}15)$$

式中:A_j 为三对角矩阵;F_j 包含所有的常数项;Q_j 的定义如下:

$$Q_j^* = \vec{q}^*_{(j,1)}, \vec{q}^*_{(j,2)}, \cdots, \vec{q}^*_{(nvrt-1,2)} \qquad (9\text{-}16)$$

代入水面及水底的边界条件,上述方程可以精确求解。

第二步骤:水位方程隐式计算

由方程(9-11)~方程(9-14),可以得到:

$$\frac{\vec{q}'_{(j,k)}}{\Delta t} = -\theta D_j g \nabla \eta_j' + \frac{1}{D_j^2 \delta \sigma_k} \left[(A_V)^n_{(j,t(k))} \frac{\vec{q}_{(j,k+1)} - \vec{q}_{(j,k)}}{\partial \sigma_{b(k)}} - \right.$$

$$\left. (A_V)^n_{(j,b(k))} \frac{\vec{q}_{(j,k)} - \vec{q}_{(j,k-1)}}{\partial \sigma b(k)} \right] \qquad (9\text{-}17)$$

式中:$\vec{q}' = \vec{q}^{n+1} - \vec{q}^*$;$\eta' = \eta^{n+1} - \eta^n$。

上述方程式可以写成:

$$A_j \cdot Q_j' = -\theta D_j g \nabla \eta_j^n I \qquad (9\text{-}18)$$

式中,I 为单位矩阵。方程(9-10)可以写成:

$$\delta A_i \frac{\eta_i'}{\Delta t} + \sum_{fi} \sum_k \delta \sigma_k \vec{\delta l_{fi}} \cdot [\theta \vec{q}'_{(fi,k)} + \theta \vec{q}^*_{(fik)} + (1-\theta) \vec{q}^n_{(fi,k)}] = 0 \qquad (9\text{-}19)$$

或者:

$$\delta A_i \frac{\eta_i'}{\Delta t} + \sum_{fi} \theta \vec{\delta l_{fi}} \delta \sigma \cdot Q_{fi}' = Rm_i \qquad (9\text{-}20)$$

式中:$\delta \sigma = (\delta \sigma_2, \delta \sigma_3, \cdots, \delta \sigma_{nvrt-1})$。

$$Rm_i = -\sum_{fi}\sum_k \delta\sigma_k \vec{\delta l_{fi}} \cdot [\theta\vec{q}^{\,*}_{(fi,k)} + (1-\theta)\vec{q}^{\,n}_{(fi,k)}]$$

将上式代入式(9-20),可得:

$$\delta A_i \frac{\eta'_i}{\Delta t} - \sum_{fi}\theta^2 D_{fi}g\vec{\delta l_{fi}}\cdot\delta\sigma\cdot A_{fi}^{-1}I\nabla\eta'_{fi} = Rm_i \qquad (9\text{-}21)$$

水位余量的梯度可由下式得出:

$$\vec{\delta l_{fi}}\cdot\nabla\eta'_{fi} \approx \vec{\delta l_{fi}}\cdot(\eta'^R - \eta'^L)\vec{g}^l \qquad (9\text{-}22)$$

由此,可以得出下述方程式:

$$\left(\frac{\delta A_i}{\Delta t} + \theta^2\sum_{fi}p_{fi}\right)\eta'_i - \theta^2\sum_{fi}(P_{fi}\eta'_{cf}) = Rm_i \qquad (9\text{-}23)$$

式中:$P_{fi} = gD_{fi}\vec{\delta l_{fi}}\cdot\vec{g}^l\delta\sigma\cdot A_{fi}^{-1}\cdot \boldsymbol{I}$。

上述方程的系数矩阵是对称、正定的,因此可以使用有效的稀疏矩阵。

第三步骤:水位、流量的更新

$$\eta_i^{n+1} = \eta_i^n + \eta_i^p, D_i = \eta_i^{n+1} + h_i, Q_i^{n+1} = Q_i^* - \theta A_j^{-1}\cdot \boldsymbol{ID}_jg\nabla\eta'_j \qquad (9\text{-}24)$$

4)对流项和水平项的 ELM 离散求解

在利用 ELM 法求解对流项时,从 $n+1$ 时刻的指点位置高效精确的沿流线逆向追踪到

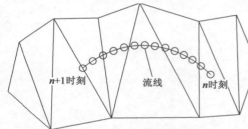

图9-2　ELM 在平面上沿流线的逆向追踪

其初始位置(n 时刻的位置)是该方法的核心思想(图9-2),这里仅作简单描述。逆向追踪是采用 ELM 方法的模型求解过程中最耗时的部分,本模型采用多步欧拉法进行分步计算,各分步的时间步长 $\Delta t/N$,追踪点在 n 时刻的初始位置确定后,利用双线性插值,获取式(9-14)中拉格朗日追踪的值$(\ )^b$。由于采用插值计算方法,因此,ELM 求解对流项的守恒性无法保证,该方法在计算物质输运时会有较明显的误差,所以本模型在计算物质输运时采用亚循环离散求解的方法,保证物质输运的守恒性。

9.1.2　三维物质输运控制方程及离散求解

1)三维物质输运控制方程

三维物质输运控制方程如下:

$$\frac{\mathrm{d}}{\mathrm{d}t}(DS) = \nabla\cdot(DK_H\nabla S) + \frac{\partial}{\partial\sigma}\left(\frac{K_V}{D}\frac{\partial S}{\partial\sigma}\right) \qquad (9\text{-}25)$$

$$\frac{\partial(DC)}{\partial t} + \frac{\partial(Du)}{\partial x} + \frac{\partial(Dv)}{\partial y} + \frac{\partial(D(\omega-w))}{\partial\delta} = \nabla\cdot(DK_H\nabla C) + \frac{\partial}{\partial\sigma}\left(\frac{K_V}{D}\frac{\partial C}{\partial\sigma}\right) \qquad (9\text{-}26)$$

式中,S 为盐度;C 为含沙浓度;K_V 为垂线扩散系数;状态方程 $\rho = \rho(S,C)$ 按经验公式取值如下:

$$\rho = \rho_0 + 0.78S + 0.62C \qquad (9\text{-}27)$$

2)控制方程亚循环离散求解

欧拉拉格朗日格式(ELM)在计算对流项时具有无条件稳定性,但它本身并不具有守恒

性,因此这里选用守恒性更好的有限体积法计算盐度及泥沙输运方程中的对流项。为了物质输运计算求解不对水流模型计算形成附加的稳定限制条件,在求解物质输运方程时引入较为通用的亚循环分布模式。该模式把时间步长 Δt 分解为 N 段(其值取决于对流作用的强弱),每个分步的时间间隔为 $\Delta\tau$,在第 i 分步,$t_1 = (i-1)\Delta\tau, t_2 = i\Delta\tau(i = 1,2,\cdots,N)$ 分别为它的起始、终止时刻。引入隐式因子 θ,让其作为两个分步之间流速变量的计算权重。

物质输运方程离散如下(以含沙浓度 C 为例):

$$\delta_{i,k}^{n+t_1/\Delta t} C_{i,k}^{n+t_2/\Delta t} - \Delta\tau\left[\omega_{i,k+\frac{1}{2}}^n C_{i,k+\frac{1}{2}}^{n+\frac{t_2}{\Delta t_1}} + (K_v)_{i,k+\frac{1}{2}}^n \frac{C_{i,k+1}^{n+\frac{t_2}{\Delta t}} - C_{i,k}^{n+\frac{t_2}{\Delta t}}}{\delta_{i,k+\frac{1}{2}}^{n+\frac{t_1}{\Delta t}}}\right] +$$

$$\Delta\tau\left[\omega_{i,k-\frac{1}{2}}^n C_{i,k-\frac{1}{2}}^{n+\frac{t_2}{\Delta t_1}} + (K_v)_{i,k-1/2}^n \frac{C_{i,k}^{n+\frac{t_2}{\Delta t}} - C_{i,k-1}^{n+\frac{t_2}{\Delta t}}}{\delta_{i,k-\frac{1}{2}}^{n+\frac{t_1}{\Delta t}}}\right]$$

$$= \delta_{i,k}^{n+t_1/\Delta t} C_{i,k}^{n+t_1/\Delta t} - \Delta\tau\left[\omega_{i,k+\frac{1}{2}}^{n+\theta} C_{i,k+\frac{1}{2}}^{n+\frac{t_1}{\Delta t}} - \omega_{i,k-\frac{1}{2}}^{n+\theta} C_{i,k-\frac{1}{2}}^{n+\frac{t_2}{\Delta t}}\right] + fm_{i,k}^{n+t_1/\Delta t} \tag{9-28}$$

式中,$fm_{i,k}^{n+t_1/\Delta t}$ 为泥沙起始时刻 $n+t_1/\Delta t$ 的水平物质输运及扩散的有限体积离散。

在完成水位流速计算后,执行亚循环进行物质输运模块的求解,在亚循环各分步中,首先通过迎风插值获取单元各面上的浓度值,随后执行式(9-28)计算更新泥沙浓度,在计算亚循环结束后,最终获取 $n+1$ 时刻单元中心的物质浓度,即完成求解。该方法具有守恒、迎风、低阶的特点,能在一定程度上缓解稳定条件对时间步长的限制。

9.1.3　三维全沙数学模型控制方程

1)悬移质输沙模块

三维悬沙及盐度输运的控制方程如下:

$$\frac{\partial SD}{\partial t} + \frac{\partial SuD}{\partial x} + \frac{\partial SvD}{\partial y} + \frac{\partial S\omega}{\partial\sigma} = \frac{1}{D}\frac{\partial}{\partial\sigma}\left(K_h\frac{\partial S}{\partial\sigma}\right) + DF_S \tag{9-29}$$

$$\frac{\partial\varphi D}{\partial t} + \frac{\partial\varphi uD}{\partial x} + \frac{\partial\varphi vD}{\partial y} + \frac{\partial\varphi(\omega - w_s)}{\partial\sigma} = \frac{1}{D}\frac{\partial}{\partial\sigma}\left(K_h\frac{\partial\varphi}{\partial\sigma}\right) + DF_\varphi \tag{9-30}$$

$$DF_x \approx \frac{\partial}{\partial x}\left[2A_m\frac{\partial Du}{\partial x}\right] + \frac{\partial}{\partial y}\left[A_m\left(\frac{\partial Du}{\partial y} + \frac{\partial Dv}{\partial x}\right)\right] \tag{9-31}$$

$$DF_y \approx \frac{\partial}{\partial y}\left[2A_m\frac{\partial Dv}{\partial y}\right] + \frac{\partial}{\partial x}\left[A_m\left(\frac{\partial Du}{\partial y} + \frac{\partial Dv}{\partial x}\right)\right] \tag{9-32}$$

$$D(F_S, F_\varphi) \approx \left[\frac{\partial}{\partial x}\left(A_h H\frac{\partial}{\partial x}\right) + \frac{\partial}{\partial y}\left(A_h H\frac{\partial}{\partial y}\right)\right](S, \varphi) \tag{9-33}$$

式中,$D = H + \zeta$;u 和 v 分别为 x 和 y 方向流速;H 为水深;ζ 为水位;S 和 φ 为盐度和泥沙;f 和 g 为科氏力系数和重力加速度;ω 为 σ 方向的垂线速度;w_s 为泥沙沉速;k_v, K_h, A_m, A_h 分别为垂线和水平涡黏系数。

2)近底悬移质泥沙通量计算

切应力模式下的近底悬移质泥沙通量计算式通常表示如下:

$$f_d = \int_{0<t<T_1} \alpha\omega C_b\left(1 - \frac{\tau_b}{\tau_d}\right)\mathrm{d}t \quad (\tau_b < \tau_d \text{ 时},淤积)$$

$$f_e = \int_{0<t<T_2} m\left(\frac{\tau_b}{\tau_e} - 1\right)\mathrm{d}t \quad (\tau_b > \tau_e \text{ 时},冲刷) \tag{9-34}$$

$$f = f_d - f_e \quad (\text{实际回淤量} = \text{淤积量} - \text{冲刷量})$$

式中，τ_d、τ_e 分别为底部的临界淤积和冲刷；α 为沉降概率；ω 为底部泥沙沉降速度；τ_d 为底部切应力；C_b 为底部含沙量；T_1 和 T_2 分别为冲刷及淤积的统计周期；f_d、f_e 和 f 分别为单位面积的淤积量、冲刷量和实际回淤量。

式(9-34)表明航道底部的泥沙通量(淤积或冲刷)的变化主要与近底层的水动力、泥沙沉速、含沙量及沉降概率系数等参数相关。其中，沉降概率的计算公式采用和近底层含沙浓度的经验公式，描述如下：

$$\alpha_j = 0.33 C_{bj}^{0.33}, j = 1, t_1 \tag{9-35}$$

9.1.4 推移质输沙模块

考虑三维推移质的复杂性，这里采用二维推移质计算方式，其中根据底沙推移质不平衡输沙方程式为：

$$\frac{\partial(HN)}{\partial t} + \frac{\partial(HNv_x)}{\partial x} + \frac{\partial(HNv_x)}{\partial y} + \alpha_b \omega_b (N - N^*) = 0 \tag{9-36}$$

式中，N 为单元体积内推移质泥沙量；v_x 和 v_y 为流速分量；α_b 为推移质沉降系数，ω_b 为推移质颗粒沉速；N^* 可由下式确定：

$$N^* = \frac{q_b^*}{Hv} \tag{9-37}$$

式中，q_b^* 为推移质在单位时间内的单宽输沙能力，其利用窦国仁公式可以由下式给定：

$$q_b^* = \frac{k_2}{c^2} \frac{\gamma \gamma_s}{\gamma_s - \gamma} m \frac{(u^2 + v^2)^{3/2}}{\omega_b} \tag{9-38}$$

$$\begin{cases} m = \sqrt{u^2 + v^2} - V_k & (V_k \leqslant \sqrt{u^2 + v^2}) \\ 0 & (V_k > \sqrt{u^2 + v^2}) \end{cases}$$

式中，k_2 为系数；C 为无尺度谢才系数；V_k 为推移质颗粒的临界起动流速，由下式确定：

$$V_k = 0.265 \ln\left(11\frac{H}{\Delta}\right) \sqrt{\frac{\gamma_s - \gamma}{\gamma} g d_{50} + \left(\frac{\gamma_0}{\gamma_0^*}\right)^{2.5} \frac{\varepsilon + gH\delta}{d_{50}}} \tag{9-39}$$

式中，γ_0 为床面泥沙干重度；γ_0^* 为稳定干重度；d_{50} 为推移质中值粒径；ε 为黏结力参数，天然沙为 $0.5 \text{cm}^3/\text{s}^2$；$\delta$ 为薄膜水厚度参数，为 $1.2 \times 10^{-6} \text{cm}$；$\Delta$ 为床面糙率高度。

$$\Delta = \begin{cases} 0.5\text{mm} & (d_{50} \leqslant 0.5\text{mm}) \\ d_{50} & (d_{50} > 0.5\text{mm}) \\ h/100 & (h/\Delta \leqslant 100) \end{cases}$$

9.1.5 河床变形方程

由推移质引起的河床变形方程为：

$$\gamma_0 \frac{\partial \eta_b}{\partial t} = \alpha_b \omega_b (N - N^*) \tag{9-40}$$

所以，由悬移质和推移质引起的河床冲淤厚度为：

$$\eta = z_b + \eta_b \tag{9-41}$$

式中，η_b 为推移质引起的冲淤厚度。

9.1.6 航道淤积统计

泥沙数学模型中航道淤积计算采用模拟"随淤随挖"的方式，根据长江口深水航道的经验和实际的工程疏浚强度以及机械疏浚的下耙深度，在模型中估取实际 2d 后的航道地形调整值，或者满足航道地形实际调整值大于 0.2m 时，统计航道地形调整值 z_b 并调整航道地形至初始地形；这里考虑航道周边的河床调整量和航道淤积量相比较是小量，因而在计算中不考虑航道外的河床调整，以避免由于河床调整计算误差较大带来的航道淤积量的计算误差。

为了模拟一年的航道淤积量，计算采用洪枯季的概化流量及外海大中小潮潮型，实际计算选取计算平衡后的 15d（完整的潮周期）的航道淤积量，其值在时间尺度上进行倍乘系数即分别换算至洪枯季的半年值，最后洪枯季累加可得年回淤量。

9.1.7 风浪条件下的模型控制方程

1）模型控制方程

水位控制方程和单独潮流作用下的一致，动量方程在原来基础上增加波浪底部切应力项和波浪辐射应力等项。

$$\nabla \frac{\partial \vec{q}}{\partial t} = \frac{\vec{\tau}_s - \vec{\tau}_b}{\rho_w} - \frac{\nabla S}{\rho_W} - \frac{D}{\rho_W} \nabla \vec{\tau} \vec{P}_\alpha \tag{9-42}$$

式中，$\vec{\tau}_s$ 为风应力；$\vec{\tau}_b$ 为波浪切应力；$\vec{P}_\alpha$ 为大气压强。

S 为波浪辐射应力，$S = \begin{pmatrix} S_{xx} & S_{xy} \\ S_{yx} & S_{yy} \end{pmatrix}$；$S_{xx}$，$S_{xy}$，$S_{yx}$，$S_{yy}$ 分别为波浪辐射应力张量的四个分量。

2）波流底切应力

潮汐河口计算波流相互作用下的底应力项公式，按规范可由下式表示：

$$\tau_{bx} = c_f \rho |U| u + \frac{\pi}{8} \rho f_w |U_w| u_w + \frac{B\rho}{\pi} \sqrt{2} (c_f f_w)^{0.5} |U| u_w \tag{9-43}$$

$$\tau_{bx} = c_f \rho |U| v + \frac{\pi}{8} \rho f_w |U_w| v_w + \frac{B\rho}{\pi} \sqrt{2} (c_f f_w)^{0.5} |U| v_w$$

等式右端三项分别为水流、波浪及波流共同作用下底切应力。其中，u、v 分别为 x、y 方向的平均流速；$U = \sqrt{u^2 + v^2}$；U_w 为波浪底部质点速度；u_w、v_w 为其分量；$U_w = \sqrt{u_w^2 + v_w^2}$；$c_f$ 为河床底摩阻系数；f_w 为波浪底摩阻系数；B 为波浪潮流相互作用影响系数，与波流间夹角有关，当波流同向时取 0.917，垂直时取 −0.1983，不确定时取 0.359。

波浪底部质点速度在浅水区波浪破碎前有：

$$U_w = \frac{\pi H_w}{T \sinh(kh)} \tag{9-44}$$

式中，$k = 2\pi/L$；k 为波数；L 为波长；T 为波周期；H_w 为有效波高；波长 L 可表示为：

$$L = \frac{gT^2}{2\pi} \text{th} \frac{2\pi h}{L} \tag{9-45}$$

式中,h 为水深;波浪底摩阻系数 f_w 的量级通常为 10^{-2},这里取 0.01。

9.2 模型主要参数选取

9.2.1 近底泥沙通量计算

在 σ 坐标系下表面垂向流速为 0($w = 0$),因而方程的表面边界条件有:

$$- \omega_s C - \frac{Kv}{H} \frac{\partial C}{\partial \sigma} = 0, \sigma = 0 \tag{9-46}$$

在底边界条件可用下式表示:

$$- \omega_s C - \frac{Kv}{H} \frac{\partial C}{\partial \sigma} = F, \sigma = -1 \tag{9-47}$$

式中,F 为源汇项,即单位时间单位面积底部通量,包括河床的冲刷和淤积。

根据采用常用的底部通量边界条件:

$$F_s = \alpha \omega C_b \left(\frac{\tau_b}{\tau_d} - 1 \right) \quad \tau_b < \tau_d \tag{9-48}$$

$$F_s = m \left(1 - \frac{\tau_b}{\tau_e} \right) \quad \tau_b > \tau_e \tag{9-49}$$

9.2.2 泥沙沉降速度

长江口悬沙的泥沙沉降速度取值参考长江口悬沙的室内沉降机理实验,根据该实验的成果可得到泥沙沉降速度采用如下统一形式:

$$\omega = \left[k_1 (S - s_0)^2 + k_2 \right] \cdot C^{k_3} \quad (0 \leqslant S < 30; 0 \leqslant C < 20) \tag{9-50}$$

式中,ω 为沉降速度(mm/s);S 为含盐度(‰);C 为含沙量(kg/m³);s_0 为最佳絮凝盐度(‰);k_1, k_2, k_3 为经验系数。

沉降机理试验的室内试验的所有试验组次得到的沉降速度值见图 9-3。

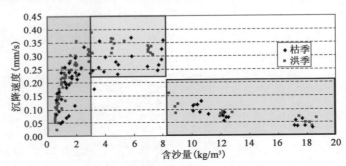

图 9-3 不同含沙量对沉降速度的影响

回归分析得到的经验公式参数取值如下:

(1)枯季(水温为 5 ~ 15℃)

絮凝加速段:相关性 $R = 0.86$;

$$s_0 = 7, k_1 = -0.0067, k_2 = 0.22, k_3 = 0.49 \quad (4 \leqslant S \leqslant 10, 0.5 < C \leqslant 3)$$

$$s_0 = 7, k_1 = 0.0005, k_2 = 0.10, k_3 = 0.41 \quad (0 \leqslant S \leqslant 4 \text{ 或 } 10 < S < 30, 0.5 < C \leqslant 3)$$

$$s_0 = 7, k_1 = -0.0004, k_2 = 0.23, k_3 = 0.16 \quad (3 < C \leqslant 8)$$

(2)洪季(水温为 25 ~ 30℃)

絮凝加速段:相关性 $R = 0.94$;

$$s_0 = 12, k_1 = -0.0025, k_2 = 0.20, k_3 = 0.68 \quad (0.5 < C \leqslant 3, 9 \leqslant S \leqslant 15)$$

$$s_0 = 12, k_1 = -0.0004, k_2 = 0.18, k_3 = 0.66 \quad (0.5 < C \leqslant 3, 0 \leqslant S < 9 \text{ 或 } 15 < S < 30)$$

$$s_0 = 12, k_1 = -0.0001, k_2 = 0.41, k_3 = 0.12 \quad (3 < C \leqslant 8)$$

（3）洪、枯季制约减速段：

相关性 $R = 0.87$；

$$k_1 = 0, k_2 = 0.99, k_3 = -1.02 (8 < C \leqslant 20)$$

二元回归后的计算值与试验值的对比见图9-4。本书中,泥沙沉降速度取值范围约在 $0.02 \sim 0.04 \text{mm/s}$。

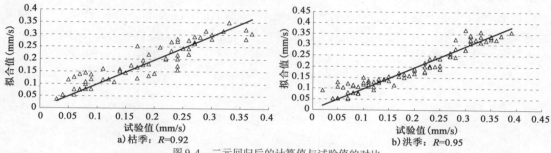

a) 枯季：R=0.92   b) 洪季：R=0.95

图9-4 二元回归后的计算值与试验值的对比

9.2.3 临界剪切应力

由2012年2月份在长江口北槽 CSWN 和 CS3N 测点附近观测的局部地形冲淤变化过程、近底水沙变化过程,分析得到的现场典型时刻近底层剪切应力过程线和河床滩面变化及流速过程线(图9-5)可知,长江口北槽内河床泥沙冲刷起动的临界应力值约 $0.2 \sim 0.4 \text{N/m}^2$。取北槽现场泥沙进行的泥沙起动试验研究成果,并结合模型验证,临界淤积应力 τ_d 取值为 0.2N/m^2,临界起动应力 τ_e 取值为 0.4N/m^2。

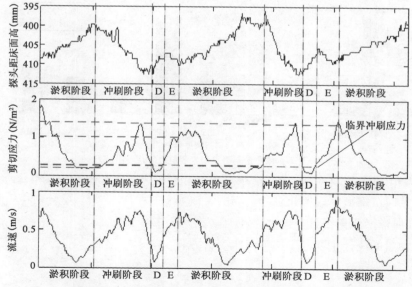

图9-5 典型时刻的近底层剪切应力过程线和河床滩面变化及流速实测过程线

注:探头距离床面距离变大代表床面冲刷。

9.2.4 沉降概率系数

沉降概率系数 α 的估算采用2012年8月北槽航中实测水沙数据,以及2012年7月30日—2012年8月24日航中测点航道单元的冲淤方量。

沉降概率系数 α 的估算思路如下:

当泥沙沉速、冲刷系数,临界起动应力及淤积应力等参数都选定,则给定一定的沉降概率系数 α,即可根据底部通量边界条件计算式(9-48)~式(9-50)计算出航道的淤积量,而该时段的水沙条件(大中小潮航中测点的实测资料)、航道淤积量可从实测资料里选取。根据实测资料,即可近似计算并获取各航道单元的沉降概率系数 α。

根据2012年8月的实测数据拟合出淤积概率系数约在 $0.1 \sim 0.6$ 之间(图9-6)。从率定的沉降概率系数来看,其与满足淤积条件时的含沙量(淤积含沙量)关系较为密切,因此本模型取值时选取其与淤积含沙量的经验公式(图9-5中标识)来估算,取值在 $0.1 \sim 0.6$ 之间。

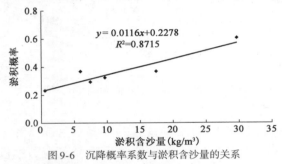

图9-6 沉降概率系数与淤积含沙量的关系

根据该关系式计算的淤积量与测点位置的航道单元淤积量关系见图9-7,从图可知二者相关性较好,其特征为当航道对应的单元处于基本冲淤平衡时,沉降概率系数取值较小,约为 0.2;当出现较大淤积含沙量及较明显的淤积时,沉降概率系数取值将取值增大至 0.6 左右。

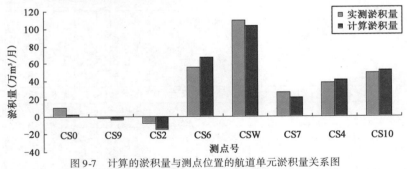

图9-7 计算的淤积量与测点位置的航道单元淤积量关系图

上述资料由洪季资料率定选取,枯季航道淤积量较小,基本处于冲淤平衡状态,枯季航道回淤量计算时沉降概率取值 0.2。

9.2.5 航道淤积量统计

航道淤积量的统计主要考虑如下河床变形方程:

$$\rho' \frac{\partial z_b}{\partial t} = F_s \tag{9-51}$$

式中,ρ' 为河床泥沙的干密度。

航道淤积量统计计算模式：

(1)泥沙数学模型中航道淤积计算采用模拟"随淤随挖"的方式,根据经验和实际的工程疏浚强度以及机械疏浚的下耙深度,在模型中估取实际 2d 后的航道地形调整值,或者满足航道地形实际调整值大于 0.2m 时,统计航道地形调整值 Z_b,并调整航道地形至初始地形;这里考虑航道周边的河床调整量和航道淤积量相比较是小量,因而在计算中不考虑航道外的河床调整,以免由于河床调整计算误差较大带来的航道淤积量的计算误差。

(2)在航道内泥沙的临界淤积应力的取值较为困难和复杂,现场机械疏浚时往往会吸入大量近底高浓度泥沙,但此时近底水动力可能没有达到临界淤积条件,因此航道的内临界淤积应力值应该大于非疏浚区域;在计算中根据实际航道淤积量率定选取临界淤积应力值,航道内临界淤积应力取值 0.2～0.4N/m²,其余区域取统一值 0.2N/m²。

(3)为了模拟一年的航道淤积量,计算采用 6—11 月和 12 月—次年 5 月的概化流量及外海大中小潮潮型,实际计算选取计算平衡后的 15d(完整的潮周期)的航道淤积量,其值在时间尺度上进行倍乘系数即分别换算至 12 月—次年 5 月和 6—11 月的半年值,最后 6—11 月和 12 月—次年 5 月累加可得年回淤量。其中,6—11 月上游概化流量根据多年平均值选取 40000m³/s,下游边界选取 2012 年 8 月 12 日—8 月 27 日 15d 完整的大中小潮过程线;12 月—次年 5 月为 20000m³/s,外海边界取 2 月对应的大中小潮过程线。

9.2.6　其他参数

(1)冲刷系数 m 一般约在 0.00007～0.0005 范围之间,本模型结合北槽泥沙的冲刷试验结果以及模型率定验证结果,冲刷系数 m 取值 0.00004。

(2)干滩最小水深取为 0.01m。

(3)水平向大涡模拟计算参数取值: $c_H = 0.1$。

9.3　模型计算范围和网格

计算域主要包括长江干流、南北支、南北港、南北槽以及杭州湾等在内的水域,其中东西向长度大约 600km,南北向宽度为 600km 左右,具体计算域见图 9-8;计算采用的三角形网格

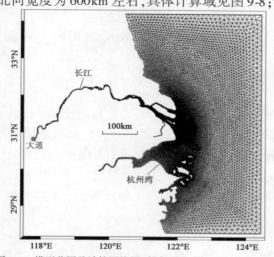

图 9-8　模型范围及计算网格图(粉色所示为网格主要加密区)

共计 158828 个,计算域内整体水平网格情况见图 9-8,工程局部加密网格见图 9-9,最小网格间距为 30m 左右,网格完全贴合工程建筑物与航道边界,能精确反映河道边界及人工建筑物的作用,垂线采用 10 层 Sigma 网格。模型垂向计算网络示意图见图 9-10。

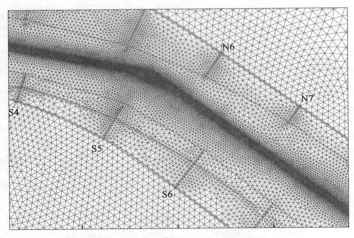

$k=1$	
$k=2$	10%
$k=3$	10%
$k=4$	10%
$k=5$	10%
$k=6$	10%
$k=7$	10%
$k=8$	10%
$k=9$	10%
$k=10$	10%
$k=11$	10%

图 9-9 模型航道加密计算网格示意图   图 9-10 模型垂向计算网格示意图

9.4 模型边界条件

(1)水底摩阻应力

水底摩阻应力由下式表示:

$$\rho_0 A_V \frac{1}{D} \left(\frac{\partial u}{\partial \sigma}, \frac{\partial v}{\partial \sigma} \right) = (\tau_{bx}, \tau_{by}) \quad \sigma = -1 \tag{9-52}$$

底部应力由下列二次方程给出:

$$(\tau_{bx}, \tau_{by}) = \rho_0 C_{Db} \sqrt{u_b^2 + v_b^2} (u_b, v_b) \tag{9-53}$$

假定边界,且流速呈对数分布,底部拖曳系数 C_{Db} 可由下式得到:

$$C_{Db} = \max \left\{ \left(\frac{\kappa}{\ln(\sigma_b/z_0)} \right)^2, C_{Db\min} \right\} \tag{9-54}$$

式中,Von Karman 常数 $\kappa = 0.4$;$z_0 = k_s/30$;k_s 为局部底摩阻;σ_b 为底部计算网格的半厚;$C_{Db\min}$ 通常取值为 0.0025。在长江口由于近底层存在较高浓度的泥沙导致分层及盐度分层的特征,使得近底层床面的减阻作用相对明显,经过反复率定验证,这里 C_{Db} 取值为 0.0006。

(2)流量、潮位边界条件

长江口三维计算模型给定的上游边界为上游流量和下游潮位边界。上游流量采用大通实测流量,外海边界潮位直接由 16 个天文分潮的调和函数计算给定。

(3)盐度及泥沙边界条件

盐度初始场由模型进行单独的长历时计算提供,外海边界为 34‰,上游边界取值为零。

泥沙场上游边界估取值$0.3kg/m^3$,下游外海边界取值为零。泥沙上游计算边界位置取在徐六泾节点。

(4)工程边界条件

上游流量边界为大通站,验证为测量期间的实际的流量资料,方案计算时6—11月和12—次年5月分别选取概化流量为4万m^3/s和2万m^3/s。

模型考虑的拟建或已建工程如下:

①长江口深水航道治理一期~三期工程;

②横沙东滩圈围工程(含横沙大道、促淤潜堤等);

③中央沙圈围工程及青草沙水库;

④长兴岛北沿圈围工程;

⑤新浏河沙护滩及南沙头通道潜堤工程;

⑥浦东机场圈围工程;

⑦长兴岛北沿圈围工程;

⑧长兴潜堤圈围工程;

⑨长江口相关企业码头等。

9.5　模型验证

三维模型的验证分为3个阶段,首先对具有理论分析解的数值问题进行验证;其次对经典的机理试验成果进行验证;最后对研究区域的现场水文资料进行验证。前2个阶段验证的目的是保证模型开发的算法是准确的;第3个阶段现场水文资料验证的目的是保证模型选择的参数符合现场水沙盐的特点。

9.5.1　数值试验验证

1)恒定均匀流数值机理试验

水流数值试验采用Warner等提出的明渠流算例,其主要参数为:

模型计算区域为一矩形区域,长10000m,宽1000m,模型的网格划分如图9-11所示,分辨率约为50m,垂向采用等间隔σ分层,分隔间隔为0.1;河床底面粗糙高度$k_s=0.005m$,河床底面比降$s=4\times10^{-5}$;进口给定单宽流量为$10m^2/s$,出口控制水深为10m。

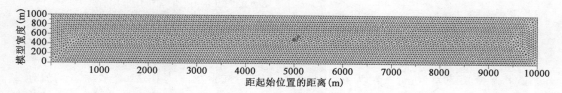

图9-11　模型网格分布图

解析解得到水深H为10m,沿水深平均的水平纵向流速u为1m/s。在上述进出口边界条件下,在上游边界允许表面波自由传播,且上、下游边界不对动量的传播构成约束。

数值试验分别采用时间步长为5s、10s、15s、30s、100s五组数值试验进行分析比较。模型输出点位置见图9-11中红色标点。图9-12为水平垂线流速分布结果对比图,从计算结果

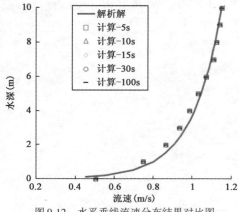

图 9-12　水平垂线流速分布结果对比图

可以看出:试验中模型不同时间步长下计算结果彼此差异不大,模型垂向流速分布与解析结果非常接近。

2)盐度的数值机理试验

为了验证盐度模型的正确性,本书采用一维定常盐水入侵模型进行测试,模型示意图见图 9-13。

模型中取 $u = 0.03\text{m/s}$, $D = 30.0\text{m}^2/\text{s}$, $S_0 = 30.0‰$,计算域为 $12\text{km} \times 1\text{km}$,水深为 10m,网格块数为 1,网格几何步长为 $200\text{m} \times 100\text{m}$,网格有限体数为 60×10,垂线分层 10 层。计算中分别考虑一阶迎风和二阶迎风格式,其中二阶迎风格式的计算结果与理论解的比较见图9-14,计算不考虑盐度斜压力。

从图中可以看出,模型中计算的结果与理论解拟合非常好,证明建立的物质输运计算模型是正确的,模型中采用二阶迎风格式可以很好地处理物质输运方程中的对流输运。

图 9-13　一维盐水入侵模型示意图

3)泥沙数值机理试验

泥沙数值试验是根据净冲刷条件下的水槽实测泥沙浓度分布资料,对模型模拟泥沙运动的精度进行检验。

Van Rijn 在 1981 年进行了清水冲刷松散泥沙床面的水槽试验,试验情形如图 9-15 所示,床面的泥沙颗粒在水流作用下上扬直至形成稳定的泥沙浓度分布。

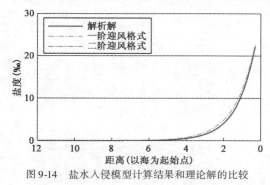

图 9-14　盐水入侵模型计算结果和理论解的比较

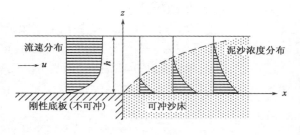

图 9-15　清水冲刷床面试验的示意图

试验水槽长约为 30m,宽约为 0.5m,高为 0.7m,试验水深为 0.25m,水深平均流速为 0.67m/s,泥沙颗粒的 $D_{50} = 0.23\text{mm}$, $D_{90} = 0.32\text{mm}$。在本次模型的验证计算中,一般代表粒径取 D_{50},相应的沉速约为 0.022m/s,床面粗糙高度 k_s 为 0.01m。

本次数值试验计算区域为整个水槽范围,前 10m 设置为刚性底板即不可冲刷,其后部分设置为松散泥沙床面。在进口给定流量边界条件并使流速在垂线上服从对数分布,含沙量设为 0;在出口给定水位边界条件,并设含沙量的水平梯度为 0。选用 0 阶紊流闭合方式计算涡黏性系数,近底泥沙源汇项由切应力公式计算。垂向分为 12 层,时间步长 $\Delta t = 0.5\text{s}$。

计算稳定后,图 9-16 给出距离冲刷起点不同位置处的含沙量垂线分布的计算值与实测值的比较,由图可见,二者吻合较好。

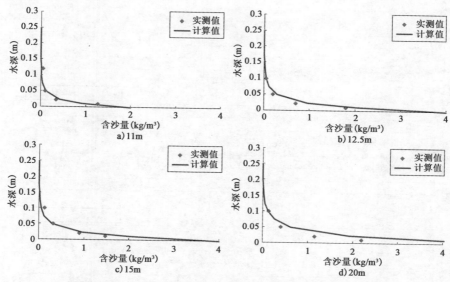

图 9-16　净冲刷条件下含沙量沿垂线分布的计算结果与试验值的比较

9.5.2　固定测点水文资料验证

长江口固定测点水文资料验证选取 2012 年 8 月水文测量资料。对潮位测站位置、固定水文测点位置以及潮位、流速、含沙量及盐度加以验证(图 9-17 ~ 图 9-20),各选择 1 个点位的验证作为代表。

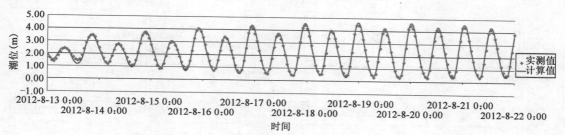

图 9-17　北槽中站潮位验证

从模型验证成果来看,计算结果符合《海岸与河口潮流泥沙模拟技术规程》(JTS/T 2312—2010)精度控制要求,满足工程应用的要求。

9.5.3　北槽水动力分布特征验证

1)北槽航道近底层流速沿程分布特征模拟和验证

图 9-21 为北槽航道沿程底层落潮、涨潮流速分布模型计算值与实测值对比图。从实测资料来看,北槽中段的近底层落急流速较南港圆圆沙段及北槽下游出口段大。因此,单就落潮流速来看,北槽水动力条件较南港圆圆沙段强。从计算和实测资料比较分布来看,模型计算值与现场实测值吻合良好,说明模型可以较好地反映北槽深水航道沿程近底层水动力分布特征。

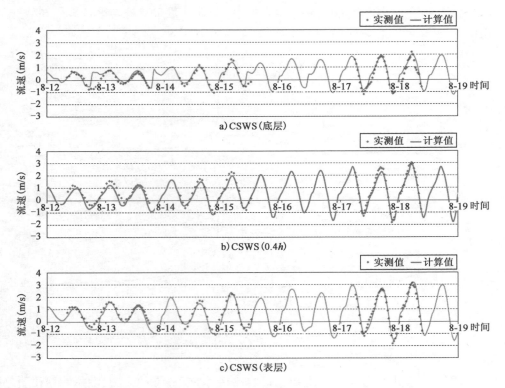

图 9-18　CSW 测点流速验证

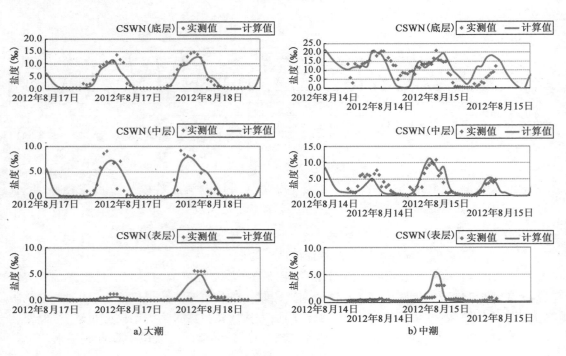

图 9-19　CSWN 测点盐度验证

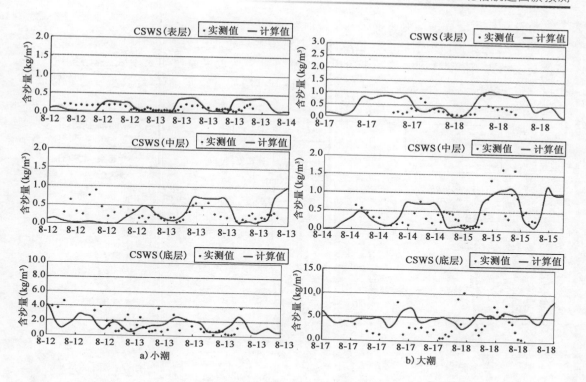

图 9-20　CSWS 测点含沙量验证

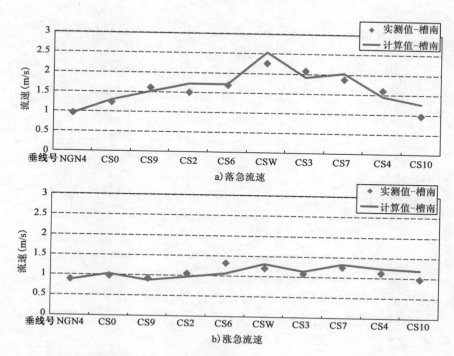

图 9-21　北槽航道沿线近底层涨落急流速计算值和实测值比较

2）北槽航道沿线平均流速垂线分布特征模拟和验证

图9-22为北槽航道南侧沿程选取的三个典型测点位置的大潮期平均流速垂线分布计算值与现场实测值对比图。从图中可以看出涨落潮流速表层流速均大于底层流速，北槽中下段受盐度入侵等影响，垂线表底层差异大于圆圆沙段航道流速，模型计算垂线分布特征与现场实测基本一致。

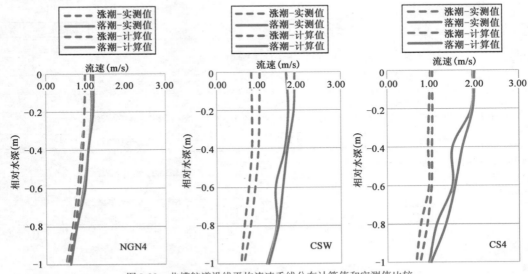

图9-22 北槽航道沿线平均流速垂线分布计算值和实测值比较

3）北槽航道垂线余流分布特征模拟和验证

从实测资料知，北槽航道沿程均呈较明显的落潮优势，但在北槽中下段纵剖面存在明显的垂向环流结构，底层水沙输运能力相对上段明显减弱。图9-23是2012年8月大潮的北槽航道沿线的垂线余流分布实测值与计算值结果比较图。由图可以看出，计算结果和实测资料基本接近，北槽中上段的余流垂线分布较为均匀，北槽中下段的余流垂线分布出现较为明显的表底层差异。

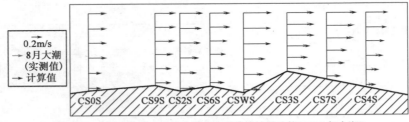

图9-23 实测水文测点垂线余流分布及计算结果比较（2012年大潮）

4）北槽航道近底层平均含沙量特征模拟和验证

北槽航道近底含沙量沿程分布呈"中间大、上下游小"的分布态势。总体来看，圆圆沙段近底含沙量小，北槽近底含沙量相对较大，尤其是北槽中段。通过数值模型对该特征进行模拟，验证模型对北槽航道沿线近底层泥沙浓度模拟的精度。图9-24为2012年8月大潮期间北槽航道沿线近底层平均含沙量的实测值与计算值的比较。由图可知，模型基本可模拟出北槽中段含沙量高于两端的特征。

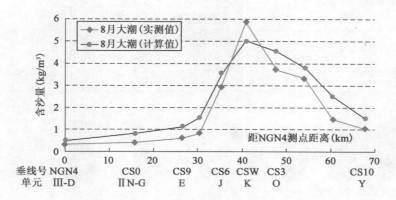

图 9-24　实测水文测点近底层平均含沙量分布及计算结果比较（2012 年大潮）

5）北槽四个断面水沙通量率定和验证

北槽通量的现场观测及计算断面布置见图 3-9。对 2011 年 8 月的水沙通量进行了率定，对 2012 年 8 月以及 2013 年 8—9 月的水沙通量进行了验证。

2011 年 8 月的潮量和含沙量的计算和实测结果比较见图 9-25、图 9-26，潮量及沙量计算结果统计及误差分析见表 9-1、表 9-2；因小潮的越南导堤水沙微小，且受计算误差在计算精度及测量值精度的影响偏差将偏大，大潮和中潮的计算结果和实测值一致。北槽水沙通量的验证主要针对中大潮。

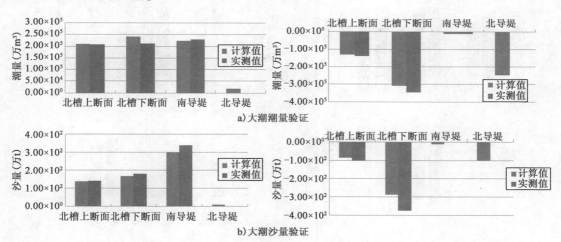

图 9-25　大潮潮量、沙量验证（正为进北槽、负为出北槽）

2012 年 8 月北槽断面水沙通量验证结果见图 9-27；2013 年 8—9 月北槽断面水沙通量验证结果见图 9-28、图 9-29。

大中潮潮量统计（万 m^3）　　　　　　　　　　　　　　　　表 9-1

说　明	出　水　量	进　水　量	合　计	出水量误差	进水量误差
大潮	-6.26×10^5	6.25×10^5	-9.21×10^2	2.90%	2.90%
中潮	-5.70×10^5	5.68×10^5	-1.26×10^3	5.46%	0.39%

大、中潮沙量统计(万 t)   表 9-2

说 明	出 沙 量	进 沙 量	合 计	出沙量误差	进沙量误差
大潮	-7.61×10^2	6.38×10^2	-1.23×10^2	3.16%	-12.23%
中潮	-4.20×10^2	5.17×10^2	9.70×10^1	7.29%	19.90%

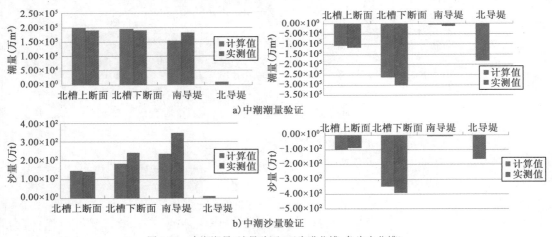

图 9-26 中潮潮量、沙量验证(正为进北槽、负为出北槽)

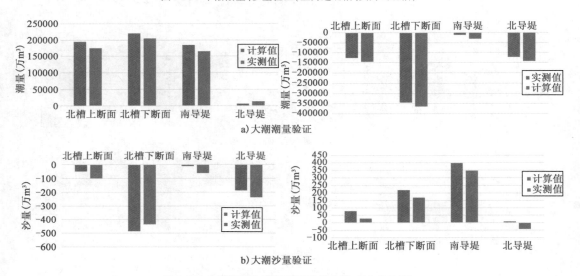

图 9-27 大潮潮量沙量验证(正为进北槽、负为出北槽)

6)长江口北槽泥沙淤积物理过程特征模拟

北槽航道回淤机理研究中提到,北槽中段易形成近底高含沙量,且出现时段与低流速时段重合,使得北槽回淤集中在中段。为了更好地反演现场水沙运动的这种特征,对北槽内泥沙纵向输运过程中的几个典型时刻的泥沙纵向分布情况进行验证,具体原型实测纵向分布剖面图与模型计算泥沙纵向分布剖面图对比见图 9-30,以 8 月的大潮为例,可以看出:

(1)涨急时刻:高含沙量区位于 CS3 ~ CS7 附近的北槽中段以下水域,且近底含沙量最大,约 4 ~ 5kg/m³,模型计算位置与实测位置基本相同。

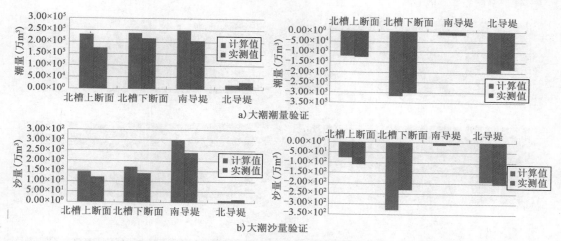

图 9-28　大潮潮量、沙量验证(正为进北槽、负为出北槽)

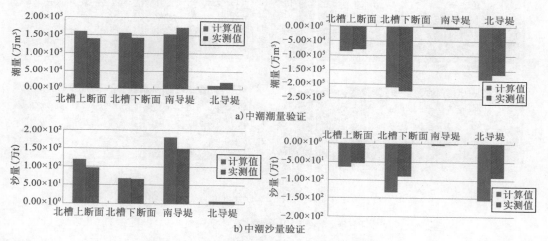

图 9-29　大潮潮量、沙量验证(正为进北槽、负为出北槽)

（2）涨憩时刻：泥沙向上溯积聚至 CS6 ~ CSW 附近的北槽中段转弯处，此时流速与航道夹角较大，且流速低，泥沙易于落淤。

（3）落急时刻：在水流的带动下，泥沙再悬浮，在 CS7 ~ CS4 附近流速较高，形成高流速区对应下的近底高含沙量区。

（4）落憩时刻：高含沙量区位于 CSW ~ CS7 附近的北槽中段以下水域。

经过一涨一落的潮周期纵向泥沙输运的模拟，近底高含沙区出现时刻、位置、含沙量大小，模型计算值与原型实测值均一一对应，说明模型可以较好地反映北槽河段拦门沙区水沙输运特征。

7）航道淤积量率定和验证

泥沙数学模型航道淤积计算采用 6—11 月和 12 月—次年 5 月的概化流量及外海大中小潮潮型，实际计算选取计算平衡后的 15d（完整的潮周期）的航道淤积量，其值在时间尺度上进行倍乘，即分别换算至 12 月—次年 5 月和 6 月—次年 11 月的半年值，最后 12 月—次年 5 月和 6—11 月累加可得年回淤值。

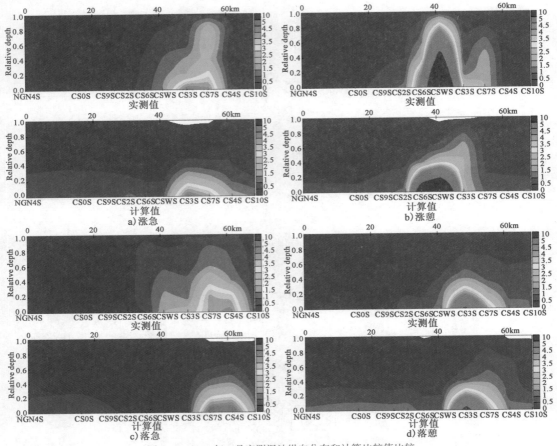

图 9-30　2012 年 8 月实测泥沙纵向分布和计算比较值比较

水文年的航道淤积计算采用的主要水文条件描述如下:6—11 月上游概化流量根据多年平均值选取 40000m³/s,下游边界选取 2012 年 8 月 12 日—27 日 15d 完整的大中小潮过程线;12 月—次年 5 月为 20000m³/s,外海边界取 2 月对应的大中小潮过程线。

6—11 月和 12 月—次年 5 月数值计算条件的主要差异如下:

①泥沙沉速的差异

根据泥沙沉速公式(9-50)计算 6—11 月和 12 月—次年 5 月的水温、泥沙浓度及盐度差异,导致 6—11 月和 12 月—次年 5 月沉速差异最大,为 1~2 倍。

②流量、潮位边界条件差异

上游流量及外海边界的差异导致的北槽区域的水动力差异,其中上游流量 6—11 月约为 12 月—次年 5 月的 2 倍,外海潮位 6—11 月约高于 12 月—次年 5 月 20~40cm,北槽 6—11 月潮差大于后者潮差约 10~30cm。

③由 6—11 月和 12 月—次年 5 月的泥沙沉速差异引起的垂线泥沙浓度分布差异,以及水动力条件差异,导致两个时期的水平泥沙输运能力有别。

(1)2012 年 6—11 月航道淤积量率定

6—11 月航道常态回淤总量及分布验证、计算值见图 9-31。

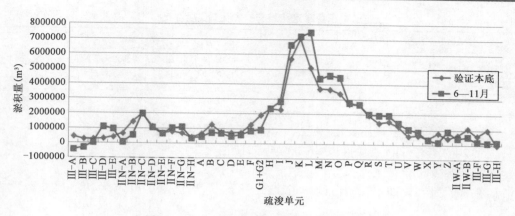

图 9-31　6—11 月航道淤积总量及分布验证(2012 年)

（2）2012 年 12 月—2013 年 5 月航道淤积量率定

12 月—次年 5 月航道常态回淤总量及分布验证及计算值参见图 9-32。

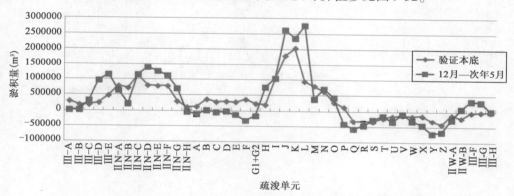

图 9-32　12 月—次年 5 月航道淤积总量及分布验证(2012 年)

（3）2012 年 6 月—2013 年 5 月航道淤积量率定

2012 年度的航道常态回淤总量及分布率定、计算值见图 9-33。回淤量统计见表 9-3,其中 6—11 月率定误差约 – 3.77% ,12 月—次年 5 月率定误差约 – 9.65% ,年回淤量率定误差 – 4.84% 。

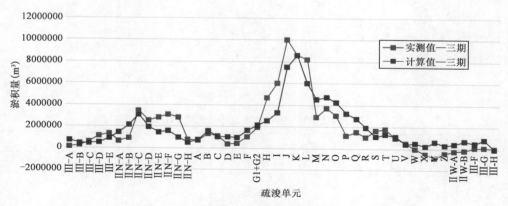

图 9-33　航道淤积总量及分布率定(2012 年)

航道淤积量率定结果与实测比较(万 m³)　　　　　　　　表 9-3

2012 年 6—11 月实测			率　定		
6—11 月	12 月—次年 5 月	总量	6—11 月	12 月—次年 5 月	总量
7048	1559	8606	6782	1408	8190
误差量(%)			−3.77	−9.65	−4.84

8)不同工程阶段年航道淤积量验证

分别对 2002 年一期完善阶段以及 2008 年二期工程阶段的航道淤积量进行验证计算,用以检验模型参数的准确性。

一期完善阶段和二期工程阶段的航道淤积量验证结果见图 9-34、图 9-35。总量统计表参见表 9-4。

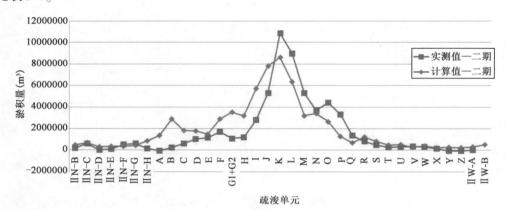

图 9-34　二期工程阶段的航道淤积验证

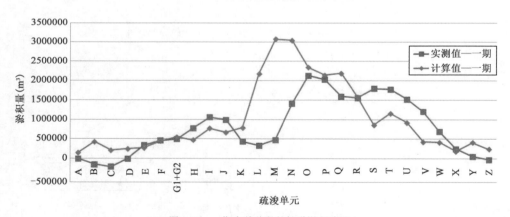

图 9-35　一期完善阶段的航道淤积验证

不同工程阶段航道淤积量计算与实测比较　　　　　　　　表 9-4

说　明	一 期 完 善(2002 年)		二 期(2008 年)	
	实测	计算	实测	计算
总量(万 m³)	2103	2623	5767	6758
误差(%)	24.73		17.19	

从计算结果来看,模型对不同工程阶段的航道淤积分布特征模拟较好,二期工程阶段航道回淤集中在中部,一期完善阶段回淤集中在中下段的特征与实测资料吻合较好;回淤总量变化特征与实测资料吻合,绝对值有一定误差。

总体来看,在目前考虑的水文条件差异下,数值模拟预测航道淤积量在计算一、二期阶段的淤积量时误差大于三期阶段。

9)2010、2011、2013 年航道淤积量验证

在前期验证基础上,对 2010、2011、2013 年度的航道常态回淤量进行进一步验证,验证前期率定选取的参数,计算结果见图 9-36 和表 9-5。从三期的航道回淤量验证结果看,在回淤量纵向分布上模拟结果和实测值吻合的非常好,总量误差 2010 年为 10.34% 、2011 年为 7.82% 、2012 年为 0.22% 。

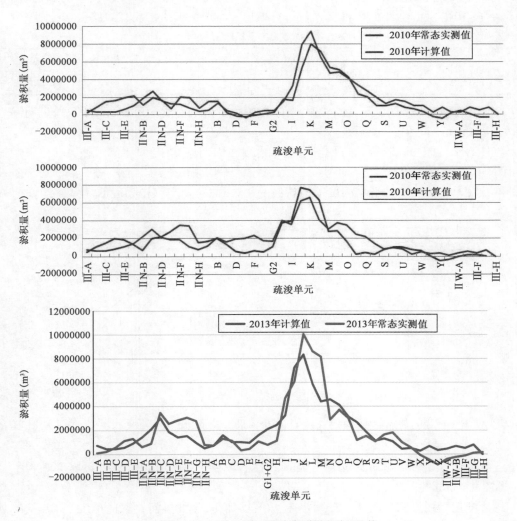

图 9-36　2010、2011、2013 年航道淤积验证比较

2010、2011、2013 年回淤验证比较及误差分析（万 m³）　　　表 9-5

说　明	2010 年		2011 年		2013 年	
	实测值	计算值	实测值	计算值	实测值	计算值
回淤总量	7040	7768	7337	7910	8106	8088
误差	10.34%		7.82%		− 0.22%	

10）2013 年月度航道淤积量验证

（1）计算地形。大范围长江口地形采用 2012 年 8 月测图,主要包含北槽南港及南槽进口区域;航道区域采用加密地形,分别选取各验证月的航道加密地形(测量范围为航道边线两侧各约 700m)。

（2）计算水温。水温对于泥沙沉速变化具有明显的影响,这里参考横沙站的水温资料,见表 9-6,以 2010—2012 年的各月平均值进行取值。

横沙站的水温表（2010—2012 年平均值）　　　表 9-6

说　明	1 月	2 月	3 月	4 月	5 月	6 月	7 月	8 月	9 月	10 月	11 月	12 月
温度(℃)	8.2	7.8	9.5	14.3	20.3	23.6	27.9	29.2	26.3	21.7	16.6	11.5

（3）计算潮汐。为 2013 年各验证月份的大、中、小潮 15d 潮汐过程,统计回淤量期间为小～大～小的潮汐过程。

（4）外海水位差异。长江口区域潮位在年内存在周期性变化,取北槽中外海潮位月均值统计(图 9-37),即枯季的时候平均潮位最低,洪季的平均潮位最高。当外海取潮汐边界条件时,调和函数无法反映这种平均潮位的周期性变化,因此对余水位做相应的计算调整。

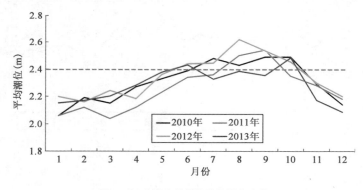

图9-37　北槽中站月均外海潮位变化

这里取 2010—2012 年的平均值作为计算值,即 1 月最低为 0m,8 月最高为 40cm,其余各月相应呈线性变化。

（5）流量边界条件。上游大通站的流量过程取 2004—2012 年的平均值,以 1 月和 8 月为例,见图 9-38 和图 9-39。

（6）盐度初始场。2012 年 8 月开始进行盐度场计算,盐度场初始取值见图 9-40,从 1 月开始进行盐度场的选取,即以 2012 年 12 月底的盐度场作为 2013 年 1 月的盐度初始场,以此类推获取每一个月的盐度初始场,并进行盐度场初始场的给定。

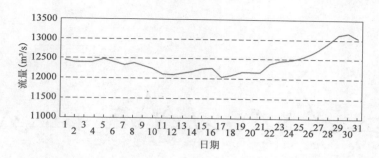

图 9-38　1 月流量过程线(2004—2012 年平均值)

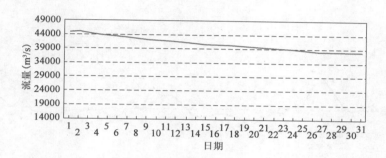

图 9-39　8 月流量过程线(2004—2012 年平均值)

图 9-40　盐度初始场

　　(7)验证结果。各月的验证结果见图 9-41,各月的总量分布实测值与验证计算值比较见图 9-42,各月的误差占年度总量的百分比见图 9-43。

　　从验证结果看,各月的计算结果和实测结果无论在分布上还是在量值上均比较一致,6、7、8 月航道中段出现回淤峰值的特征也完全模拟出来。月度回淤总量的误差在最大为 4.65%,年度总量的验证误差值为 4.81%。

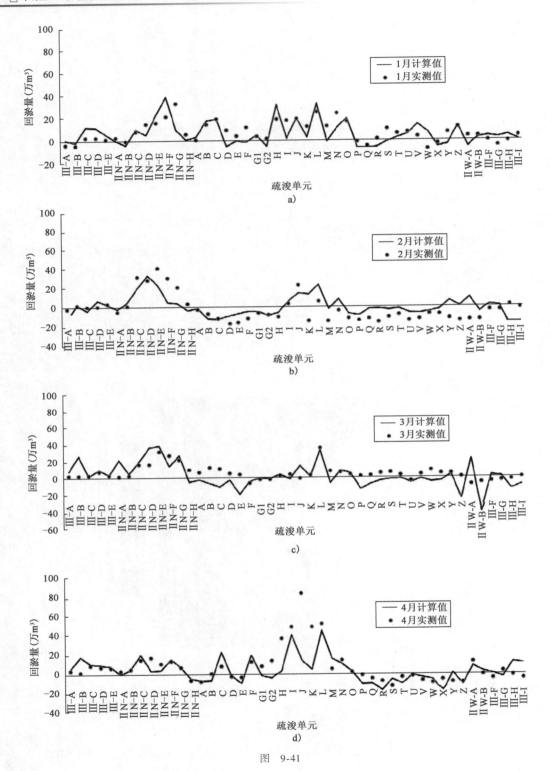

图　9-41

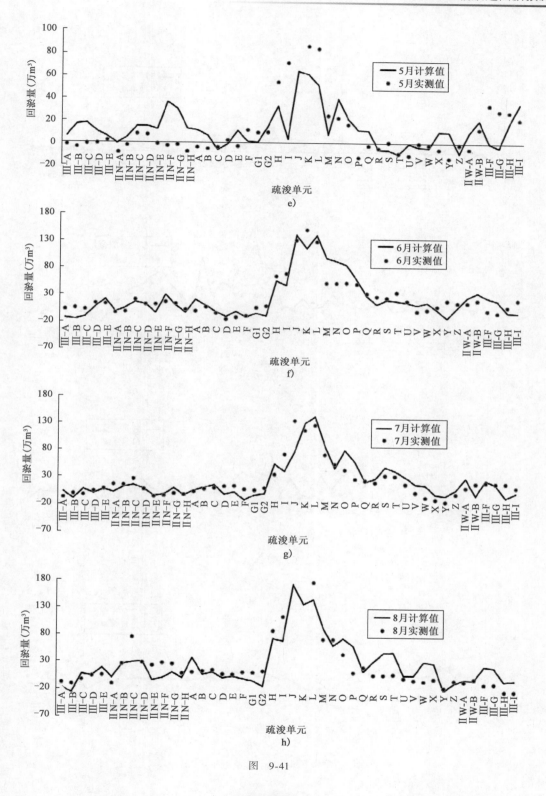

图 9-41

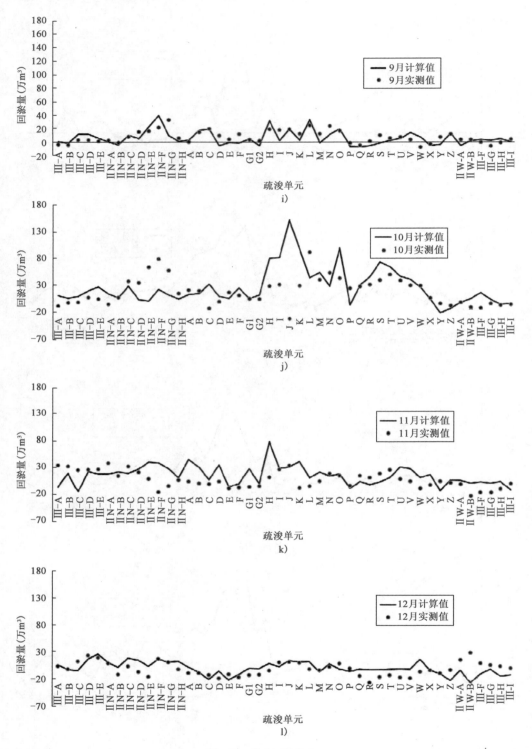

图 9-41　月度回淤量验证

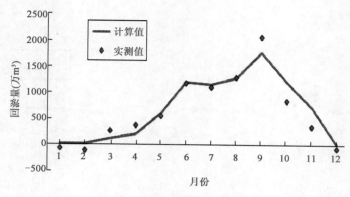

图 9-42　月度回淤总量验证

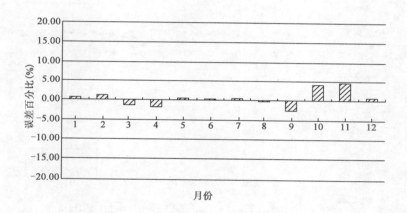

图 9-43　月度回淤总量验证的误差百分比

9.6　北槽航道回淤量预测

利用三维潮流泥沙数学模型,对 2014 年 1—12 月的长江口北槽航道常态回淤量进行了预测计算(图 9-44)。

对 2014 年 1—12 月的月度总量及预测误差进行了分析(图 9-45、图 9-46、表 9-7):2014 年 12 个月回淤量的计算值和实测值均非常吻合,纵向分布一致,月度预测误差在 ±10% 以内,8 月最大,为 8.58%;年度总量的预测误差为 12.8%。

2014 年回淤预测误差分析　　　　　　　　　　　　　　表 9-7

说　明	2014 年实测值	2014 年计算值
回淤总量(万 m³)	7089	7893
误差(%)	12.8	

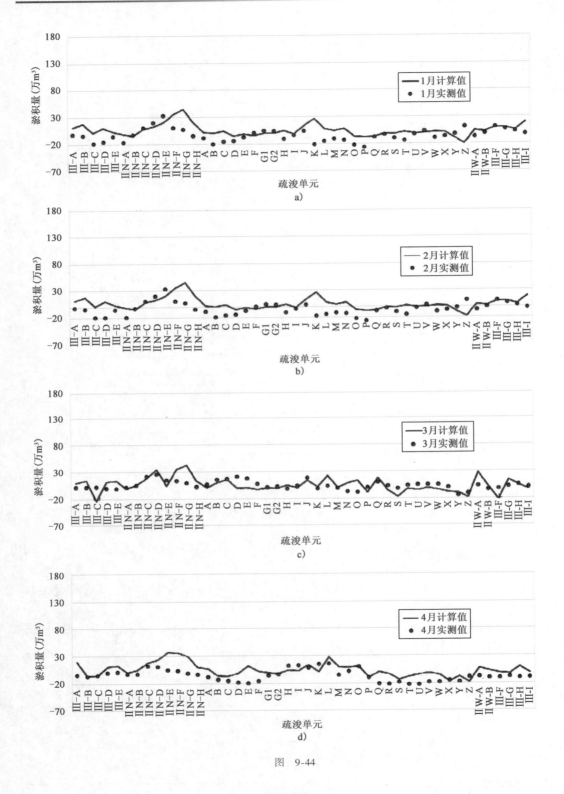

图 9-44

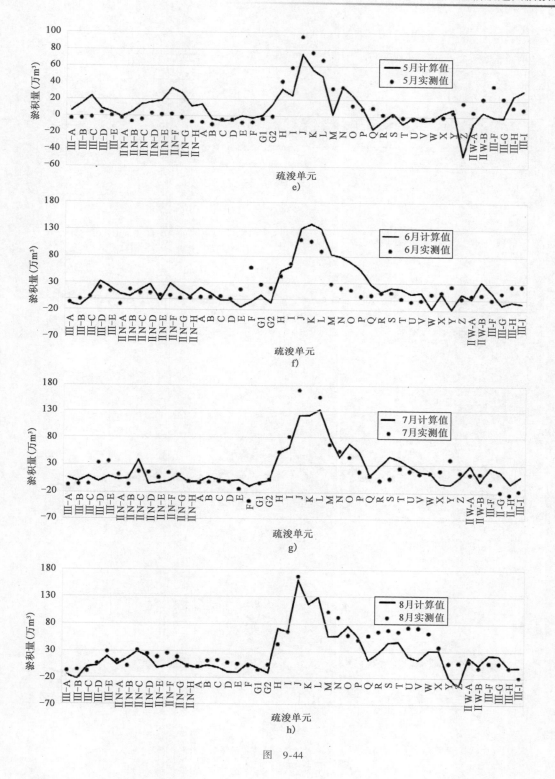

图 9-44

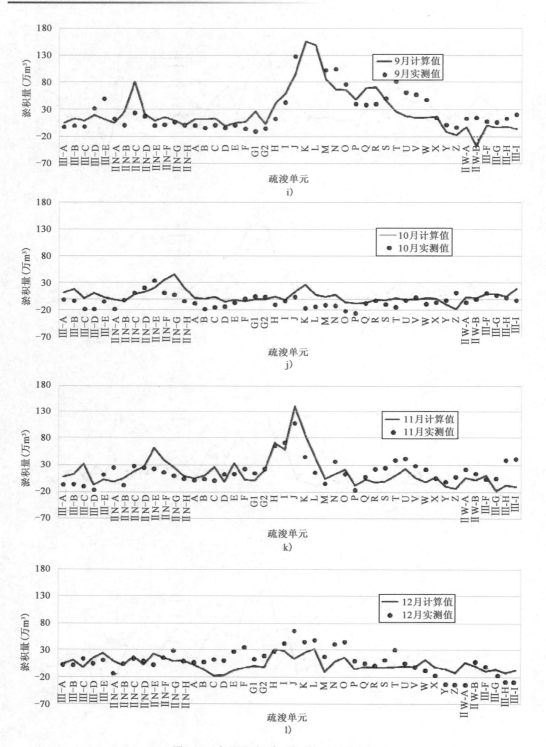

图 9-44　各月预测和实测航道淤积量分布比较

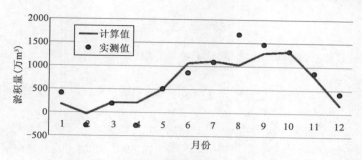

图 9-45　预测和实测值的月度总量比较

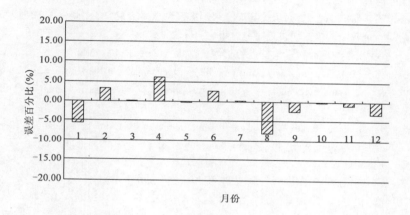

图 9-46　月度回淤总量验证的误差百分比

参 考 文 献

[1] 交通运输部长江口航道管理局.长江口深水航道治理工程实践与创新[M].北京:人民交通出版社股份有限公司,2015.

[2] 沈焕庭,朱建荣,吴华林.长江河口陆海相互作用的关键界面及其对重大工程的响应[M].北京:海洋出版社,2009

[3] 恽才兴.长江河口近期演变基本规律[M].北京:海洋出版社,2004.

[4] 戚定满,顾峰峰,王元叶.长江口航道淤积机理及近底水沙监测技术[M].北京:人民交通出版社股份有限公司,2015.

[5] 王俊,田淳,张志林.长江口河道演变规律及治理研究[M].北京:中国水利水电出版社,2013.

[6] 上海河口海岸科学研究中心,交通运输部天津水运工程科学研究院,南京水利科学研究院,等.长江口细颗粒泥沙动力过程及航道回淤机理研究总报告[R].2015.

[7] 潘定安.长江口浑浊带的形成机理与特点[J].海洋学报,1999,21(4):62-68.

[8] P.D.Scarlatos,A.J.Mehta. Instability and entrainment mechanisms at the stratified fluid mud-water interface, Nearshore and estuarine cohesive sediment transport[J]. American geophysical Union. 1993:205-223.

[9] A.J.Mehta, Rajesh Srinivas. Observations on the entrainment of fluid mud by shear flow, Nearshore and estuarine cohesive sediment transport[J]. American geophysical Union. 1993:224-246.

[10] 长江委水文局长江口水文水资源勘测局.长江口深水航道养护工程.长江口北槽水文测验[R].2012.

[11] 张志忠.长江口细颗粒泥沙基本特性研究[J].泥沙研究,1996,1:67-73.

[12] 吴华林,沈焕庭,李一伟.泥沙颗粒沉降变加速运动研究[J].海洋工程,2000(1),44-49.

[13] 曹祖德,孔令双.往复流作用下泥沙的悬浮与沉降过程[J].水道港口,2005,26(1):6-11.

[14] 吴华林,胡志锋,刘高峰.长江口深水航道一期工程整治建筑物在河床调整中的作用[C]//第六届全国泥沙基本理论研究学术讨论会论文集.郑州:黄河水利出版社,2005:1301-1307.

[15] 谈泽炜,范期锦,郑文燕,等.长江口北槽航道回淤原因分析[J].水运工程,2011(1).

[16] Wu Hualin,Shen Huanting,Wang Yonghong. Channel Evolution After The Construction of the 1st Phase of The Deepwater Channel Project of The Yangtze Estuary[J]. International Journal Sediment Research,2006, Vol.21(2),158-165.

[17] Huang,W.. Enhancement of a Turbulence Sub-model for More Accurate Predictions of Vertical Stratifications in 3D Coastal and Estuarine Modeling[J]. The International Journal of Ocean and Climate Systems, 2010,1(1):37-50.

[18] Alan F.Blumberg et al.. Three-Dimensional Hydrodynamic Model of New York Harbor Region[J].Journal of Hydraulic Engineering,1999:799-816.

[19] Van der Wegen,M.,Jaffe,B.E.. Processes governing decadal-scale depositional narrowing of the major tidal channel in San Pablo Bay, California, USA[J]. Journal of Geophysical Research:Earth Surface, 2014,119(5).

[20] 窦国仁.长江口深水航道泥沙回淤问题的分析[J].水运工程,1999(10):36-39.

[21] 窦希萍,李来,窦国仁.长江口全沙数学模型研究[J].水利水运科学研究,1999(2):136-145.

[22] 窦希萍.长江口深水航道回淤量预测数学模型的开发及应用[J].水运工程,2006(12):159-164.

[23] 窦国仁.论泥沙起动流速[J].水利学报,1960(4):44-60.

[24] 窦国仁.再论泥沙起动流速[J].泥沙研究,1999(6):1-9.

[25] 韩其为,陈绪坚.恢复饱和系数的理论计算方法[J].泥沙研究,2008(6):8-16.

［26］ 刘杰.长江口深水航道冲淤演变与回淤研究［M］.北京:海洋出版社,2014.

［27］ 王元叶,王钟寅.北槽近底水沙运动坐底三脚架观测报告［R］.上海:上海河口海岸科学研究中心,2014.

［28］ Winterwerp, J. C. On the dynamics of high – concentrated mud suspensions［R］. PhD Thesis, Delft University of Technology, Delft, The Netherlands, 1999.

［29］ Le Hir, P. , Cayocca, F. , Waeles, B. . Dynamics of sand and mud mixtures: A multiprocess-based modelling strategy［J］. Continental Shelf Research, 31(10, Supplement), 2011:135-149.

［30］ Zheng Bing Wang , Johan C. Winterwerp , Qing He. Interaction between suspended sediment and tidal amplification in the Guadalquivir Estuary［J］. Ocean Dynamics, 2014, 64:1487-1498.

［31］ 李瑞杰,罗锋,朱文谨.悬沙运动方程及其近底泥沙通量［J］.中国科学(E辑:技术科学),2008,38(11):1995-2000.

［32］ Rijn L C. Sediment transport, Part II suspended load transport［J］. J Hydraul Eng-ASCE,1984, 110(10): 1613-1641.

［33］ 金镠,虞志英,何青.滩槽泥沙交换对长江口北槽深水航道回淤影响的分析［J］.水运工程,2013,1(1):101-108.

［34］ 沈焕庭,贺松林,茅志昌,等.中国河口最大浑浊带刍议［J］.泥沙研究,2001(1).

［35］ Geyer, W. R. The importance of suppression of turbulence by stratification on the estuarine turbidity maximum［J］. Estuaries, 1993, 16(1):113-125.

［36］ Eisma, D. , Flocculation and deflocculation in estuatine bays［J］. Netherlands Journal of Sea Research, 1986, 20(2/3):183-199.

［37］ Allen, G. P. , Salomon, J. C. , Bassoulet, P. , Du Penhoat, Y. , et al. Effect of tides on mixing and suspended sediment transport in macrotidal estuaries［J］. Sedimentary Geology, 1980, 26:69-90.

［38］ Dyer, K. Fine sediment particle transport in estuaries［J］. In: J. Dronkers and W. van. Leussen(Eds.), Physical Processes in Estuaries, Springer Verlag, Berlin, 1988:296-309.

［39］ 钱宁,万兆惠.泥沙运动力学［M］.北京:科学出版社,1983:687.

［40］ 沙玉清.泥沙运动学引论［M］.北京:中国工业出版社,1996:1-285.

［41］ 张瑞瑾.河流动力学［M］.北京:中国工业出版社,1961:1-302.

［42］ Nicholson, J. , and B. A. O'Connor. Cohesive Sediment Transport Model［J］. Journal of Hydraulic Engineering, 1986, 112(7): 621-640.

［43］ Lick, W. , Huang, H. and Jepsen, R. . Flocculation of fine-grained Sediments due to differential settling［J］. Journal of Geophysical Research,1993,98(C6), 10279-10288.

［44］ 曹祖德,王桂芬.波浪掀沙、潮流输沙的数值模拟［J］.海洋学报,1993,15(1):107-118.

［45］ 丁平兴,胡克林,孔亚珍,等.长江河口波～流共同作用下的全沙数值模拟［J］.海洋学报,2003,25(5):113-124.

［46］ 韩其为.非均匀悬移质不平衡输沙的研究［J］.科学通报,1979,17:804-808.

［47］ 窦国仁.推移质泥沙运动规律［R］.研究报告汇编(河港研究分册),南京水利科学研究所.1963.

［48］ 刘家驹.连云港外航道的回淤计算及预报［J］.水利水运科学研究,1980,4:32-37.

索 引